Gianfranco Pacchioni

Quanto è piccolo il mondo

Sorprese e speranze dalle nanotecnologie

CHIAVI DI LETTURA ZANICHELLI

Realizzazione editoriale:

- Collana ideata da: Lisa Vozza e Federico Tibone
- Coordinamento redazionale: Lisa Vozza e Federico Tibone
- Redazione: Studio Norma, Parma
- Collaborazione redazionale: Federica Fedele
- Progetto grafico: Editta Gelsomini

Copertina:

- Progetto grafico e realizzazione: Miguel Sal & C., Bologna
- Immagine di copertina: pjmorley/Shutterstock

Prima edizione: gennaio 2008

Ristampa:
5 4 3 2 2009 2010 2011 2012

L'editore mette a disposizione degli studenti non vedenti, ipovedenti, disabili motori o con disturbi specifici di apprendimento i file pdf in cui sono memorizzate le pagine di questo libro. Il formato del file permette l'ingrandimento dei caratteri del testo e la lettura mediante software screen reader. Le informazioni su come ottenere i file sono sul sito www.zanichelli.it/diversamenteabili

Realizzare un libro è un'operazione complessa, che richiede numerosi controlli: sul testo, sulle immagini e sulle relazioni che si stabiliscono tra essi. L'esperienza suggerisce che è praticamente impossibile pubblicare un libro privo di errori. Saremo quindi grati ai lettori che vorranno segnalarceli.
Per segnalazioni o suggerimenti relativi a questo libro l'indirizzo a cui scrivere è:

Zanichelli editore S.p.A.
Via Irnerio, 34
40126 Bologna BO
fax: 051 293 322
e-mail: lineauno@zanichelli.it
sito web: www.zanichelli.it

Stampa: Tipografia Babina
Via Aldo Moro 18, 40068 San Lazzaro di Savena (BO)
per conto di Zanichelli editore S.p.A.
Via Irnerio 34, 40126 Bologna

indice

Introduzione

Scrivere oggi un libro sulle nanotecnologie è un po' come stendere il resoconto di un viaggio intorno al mondo in barca a vela appena una settimana dopo essere partiti.

Sappiamo molto sulle tecniche di navigazione e sul modo di sfruttare i venti, conosciamo i dettagli del progetto dello scafo, i materiali avanzati usati per le vele, i sofisticati sistemi di orientamento. Possiamo descrivere la rotta presunta e il percorso che abbiamo seguito finora. E conosciamo le previsioni atmosferiche per i prossimi cinque giorni.

Ma su quanto durerà il viaggio, se incontrerà lunghi periodi di bonaccia o viaggerà invece filato con gli alisei in poppa, se sarà ostacolato o addirittura interrotto da violente burrasche, se dovrà confrontarsi con scuffiate, rotture dell'albero o del timone, be', su tutto questo non possiamo che speculare, immaginare, sperare.

Così è anche per le nanotecnologie: parlandone è inevitabile mescolare le certezze sui progressi già fatti alle speranze sul destino che ci aspetta. Persino l'obiettivo finale, raggiungere il porto di arrivo dopo aver circumnavigato il globo, è fragile, incerto, estremamente ambizioso. E non privo di rischi. Se però riusciremo nell'impresa, allora saremo più forti, sicuri e determinati.

Tra cinque o dieci anni, in altre parole, questo libro potrebbe avere una struttura assai diversa. Stiamo per parlare insomma di qualcosa che è in evoluzione rapida e tumultuosa, e per giunta lo faremo dal punto di vista dell'osservatore interno, che come si sa non è mai troppo obiettivo né distaccato.

Inoltre questo non è né vuole essere un manuale per addetti ai lavori. È un'opera di divulgazione che ha lo scopo di aiutare a capire – e magari di invogliare ad approfondire – questa nuova disciplina. Con tutti i limiti che ciò comporta. Il primo è che per parlare di nanotecnologie oggi è indispensabile trasformarsi in tuttologi, ossia esperti di tutto, il che spesso vuol dire anche di niente.

Il problema è che le nanotecnologie sono per loro natura fortemente interdisciplinari: utilizzano concetti che vengono dalla fisica e dalla chimica, dalla biologia e dalla scienza dei materiali, dalla medicina e dall'informatica, perfino dalla bioetica. Alcune di queste materie le frequento da vicino e da lungo tempo, con altre sono venuto a contatto soltanto in anni recenti per via della mia professione, di altre ancora ho una conoscenza superficiale e limitata alla lettura di testi o a chiacchierate con colleghi.

Perciò l'equilibrio tra le varie parti del libro forse non sarà sempre perfetto. D'altra parte la purezza e la perfezione non esistono se non come concetti estremi, e se esistono non sono necessariamente desiderabili. Spero che di «impurezze» nel libro non ce ne siano troppe, ma pensare che non ce ne siano affatto sarebbe pura presunzione.

Troverete che ogni capitolo è preceduto da un breve brano, un frammento di testo in tema con l'argomento e tratto dai racconti di Primo Levi, chimico e scrittore. Il motivo è che se c'è una persona che ha avvertito con straordinaria sensibilità il potenziale e anche il pericolo delle nuove tecnologie e ha saputo mirabilmente testimoniarlo e trasmetterlo agli altri attraverso i suoi scritti, questi è proprio Primo Levi.

In alcuni dei suoi racconti ha lucidamente previsto cose che in quel momento potevano sembrare fantascienza, ma che erano alla portata dell'uomo e infatti sono state poi scoperte o realizzate: le moderne tecniche di manipolazione genetica e di clonazione, la realtà virtuale, i progressi della medicina e, perché no, anche delle nanotecnologie (che ancora non avevano questo nome).

Gli spunti di Primo Levi, oltre a fornire un elemento di riflessione su uno scrittore che ci ha detto tantissimo anche al di là delle sue opere più famose, sono un monito che attraversa tutto il libro e ci invitano a non dimenticare che, per quanto potenti e spettacolari possano essere le conquiste della tecnologia, esse devono sempre mettere al centro l'Uomo, senza renderlo schiavo.

Visionari in azione

> *Se comprendere vale farsi un'immagine, non ci faremo mai un'immagine di uno happening la cui scala è il milionesimo di millimetro, il cui ritmo è il milionesimo di secondo, ed i cui attori sono per loro essenza invisibili. Ogni descrizione verbale sarà mancante, ed una verità varrà l'altra.*
>
> Primo Levi, «Carbonio», in *Il sistema periodico*

Descrivere e immaginare il modo in cui avvengono le cose al livello più basso, quello degli atomi e delle molecole, ossia della materia sulla scala più piccola, è impresa ardua e forse impossibile. Troppo distanti dalla nostra esperienza quotidiana i modi in cui gli oggetti più piccoli si muovono, si aggregano, si dividono. Troppo diversi i tempi enormemente rapidi in cui le cose avvengono. Troppo «improbabili», contrarie al senso comune, le leggi a cui questi fenomeni obbediscono.

Eppure in qualche modo dovremo pure provare. Perché è proprio su queste sofisticate danze a livello atomico, sulle affinità elettive o sulle antipatie tra le molecole che si fondano le nostre speranze di manipolare a piacimento la materia, sviluppando potenzialità che oggi neppure immaginiamo. Proprio su capacità di questo tipo si basano le *nanotecnologie*, un insieme di tecniche e di processi che si è sviluppato negli ultimi decenni e ha acquistato importanza sempre maggiore nel panorama delle nostre conoscenze scientifiche e tecnologiche.

Molte di queste potenzialità Primo Levi le aveva già intraviste ben prima che si cominciasse a parlare di nanotecnologie. C'è un racconto in particolare, «L'ordine a buon mercato» nelle *Storie Naturali* degli anni Sessanta, che mi ha sempre affascinato perché presenta l'idea di una macchina spettacolare, il Mimete.

Il Mimete assomiglia a una banale fotocopiatrice ma è stato pensato per *replicare* un documento, non solamente per ricopiarlo. È un vero e proprio duplicatore:

> Il principio stesso su cui si fonda è una novità rivoluzionaria, di estremo interesse non solo pratico, ma concettuale. Non imita, non simula: ma riproduce il modello, lo ricrea identico, per così dire dal nulla... Beh non proprio dal nulla, intendevo dire dal caos, dal disordine assoluto. Ecco, questo fa il Mimete: crea ordine dal disordine.

Pescando a piacere atomi e frammenti molecolari da un serbatoio di alimentazione, il Mimete esegue una scansione dell'oggetto da duplicare per poi riprodurlo fedelmente:

> Durante il processo di duplicazione, nella esatta posizione di ogni singolo atomo del modello viene fissato un atomo analogo estratto dalla miscela di alimentazione: carbonio dov'era carbonio, azoto dov'era azoto e così via. [...] Si trattava veramente di una tecnica rivoluzionaria: la sintesi organica a bassa temperatura e pressione, l'ordine dal disordine in silenzio, rapidamente e a buon mercato: il sogno di quattro generazioni di chimici.

Vedremo più avanti come questa idea, apparentemente banale, rappresenti invece uno dei temi centrali delle nanotecnologie: la possibilità di aggregare e disporre gli atomi a nostro piacimento per costruire qualcosa «dal basso», usando mattoncini men che microscopici in modo semplice ed efficace. Una specie di Lego che si costruisce da solo, seguendo le istruzioni precise contenute nella scatola di montaggio.

Protagonista del racconto di Levi è Gilberto, uno stralunato personaggio tra il credulone e l'inventore, che impiega poco per incominciare a divertirsi con il nuovo «giocattolo».

Inizia duplicando un dado da gioco, una zolletta di zucchero, un fazzoletto, un orario ferroviario, insomma tutto quello che gli capita a tiro. Prova poi con un uovo sodo, ma il guscio risulta sottile e inconsistente (per mancanza di calcio, conclude giudiziosamente Gilberto). Quindi viene il momento di fagioli, piselli, qualche bulbo, ed ecco che il grande salto è maturo.

Se posso duplicare un fagiolo, si chiede Gilberto, perché allora non provare con un ragno o un insetto? Davvero il Mimete riuscirà a fare una copia della vita, della materia animata, con tutti i suoi complessi meccanismi?

Presa una lucertola, la mette nel duplicatore e via:

> Il suo doppio era esteriormente normale, ma quando lo riportai a temperatura ambiente notai che si muoveva con grande difficoltà. Morì in poche ore, e potei constatare che il suo scheletro era assai debole: in specie le ossa lunghe delle zampette erano flessibili come la gomma.

Bastano questi cenni per individuare alcuni elementi fondamentali, in parte entusiasmanti in parte inquietanti, di quella grande rivoluzione di cui molto si parla oggi e che va sotto il nome di nanotecnologia. Come dicevamo, infatti, l'ordine a buon mercato è un po' il fine ultimo di tutta la nanotecnologia.

Ma si sa: come non c'è medaglia senza rovescio, così non c'è attività umana senza rischi, e di fronte a ogni rivoluzione si pongono limiti etici e questioni di fondo. Dove e quando occorre fermarsi?

Primo Levi intravvede al tempo stesso l'enorme potenzialità della nuova tecnologia ma anche i rischi e i problemi legati alle sue conseguenze.

La storia di Gilberto è infatti la storia della nostra insaziabile voglia di esplorare e provare cose nuove, della nostra meraviglia davanti ai prodigi della tecnica, ma anche del nostro sentimento di onnipotenza quando pensiamo di poter controllare e manipolare la natura.

È l'insieme dei dubbi che ci assalgono quando ci troviamo di fronte a percorsi inesplorati e forse pericolosi, quando la sfida va oltre il principio tecnico e mette in gioco i meccanismi stessi della creazione, scardina l'ordine naturale per sostituirlo con uno nuovo e sconosciuto.

Gilberto siamo noi, e come noi infatti egli non si accontenta, non si arresta. La sua curiosità, il suo desiderio di sperimentare sono più forti dei principi etici, dei problemi a cui potrebbe andare incontro. Se posso duplicare una lucertola, si chiede Gilberto, allora perché non una persona?

Detto fatto: con qualche ritocco e alcune bombole di elementi più rari il Mimete è pronto, non resta che trovare la cavia.

La scelta, quasi obbligata, cade sull'amatissima moglie Emma. Gilberto la addormenta, la infila nel nuovo macchinario e in qualche ora di processo sintetico ne crea una copia perfetta, un clone in tutto e per tutto identico all'originale.

Nasce così Emma II, il primo essere umano assemblato per via sintetica, partendo dai singoli atomi.

> Era nata dormendo, poiché il Mimete aveva duplicato anche il sonnifero che correva per le vene di Emma I, e si era svegliata sapendo di essere Emma Perosa in Gatti, unica moglie del ragioniere Gilberto Gatti. Ricordava bene tutto quanto Emma I ricordava bene, e male tutto quanto Emma I ricordava male.

Ha così inizio un curioso *ménage à trois* fra Gilberto, Emma I e Emma II, una convivenza inizialmente felice, soprattutto per l'entusiasta Gilberto.

Ma con il passare del tempo le due Emme incominciano lentamente a differenziarsi, le loro opinioni a divergere, con il povero Gilberto in mezzo, sempre più stretto nella morsa della sua improvvida iniziativa. La loro vita si complica, diventa piano piano un inferno e Gilberto non sa più come uscirne.

Ma una soluzione al problema c'è, ed è la più ovvia. Una sera Gilberto entra nel Mimete e duplica se stesso, creando Gilberto II che farà coppia fissa con Emma II, riportando così in equilibrio la delicata situazione.

Una rivoluzione annunciata

Ma torniamo alle nanotecnologie. Che cosa sono realmente? Di che cosa si occupano e quali sono gli scenari che aprono o apriranno in un prossimo futuro? Dobbiamo aspettarne con impazienza i benefici o temerne con ansia le conseguenze?

Se chiedeste a diversi scienziati e ricercatori che cos'è la nanotecnologia, probabilmente avreste risposte diverse a seconda dell'interlocutore. E questo perché le nanotecnologie coprono tantissimi aspetti, molti dei quali sono profondamente differenti uno dall'altro.

In senso lato la nanotecnologia è l'arte di manipolare la materia su scala atomica. È una disciplina che prende a prestito liberamente concetti e nozioni dalla chimica, dalla fisica e dalla biologia. Tutti sono d'accordo sul fatto che sia una tecnologia ai suoi primi passi, e che potenzialmente abbia le carte in regola per produrre profondi cambiamenti nel futuro. Su tutto il resto non c'è grande accordo: che cosa renderà possibile, quando le potenzialità saranno realizzate e addirittura se almeno alcune delle promesse diverranno mai realtà.

In mezzo a questa apparente confusione, non stupisce che molti riservino il termine nanotecnologia per definire tutto quello su cui operano, in contrapposizione a ciò che fanno gli altri. Pertanto restano aperte domande come: i polimeri sono nanotecnologia? E le tecniche genetiche? O, ampliando ancora il quadro, la chimica non è già per definizione la scienza della trasformazione di molecole in altre molecole? Dove sta la differenza?

Per orientarsi è bene mettere qualche punto fermo. Innanzitutto la nanotecnologia è una tecnologia, ossia l'applicazione pratica di conoscenze di base. Non basta operare con atomi o molecole, o comunque con oggetti di dimensione nanometrica (un nanometro è un milionesimo di metro, ed è di poco superiore alle dimensioni atomiche); occorre poterli manipolare e collocare dove si vuole.

Perciò una qualsiasi branca delle tecnologie esistenti, per potersi definire nanotecnologia, deve avere a che fare con materiali o sistemi dotati di alcuni requisiti particolari: almeno una delle dimensioni spaziali deve essere compresa tra 1 e 100 nanometri e i materiali devono essere prodotti non tramite processi casuali, ma con un controllo completo sulle strutture su scala molecolare che si ottengono.

Quando queste condizioni sono soddisfatte ci si trova in un mondo al confine tra il regno degli atomi e delle molecole, in cui vigono le regole della meccanica quantistica, e il mondo macroscopico che ben conosciamo, dove le proprietà di insiemi di miliardi di miliardi di atomi sono descritte dalle leggi classiche della meccanica.

La musica può fornire un esempio di come le proprietà di un oggetto possano cambiare quando si riducono le sue dimensioni.

La nota prodotta da una corda di chitarra dipende dalla frequenza della sua vibrazione, che a sua volta cambia con la lunghezza della parte di corda che vibra. Il do per esempio corrisponde a una frequenza di 260 hertz.

Se la dimensione della chitarra viene ridotta un milione di volte a livello micrometrico, come è stato fatto usando tecniche litografiche su silicio e ottenendo la chitarrina in miniatura della figura 1, grande quanto una cellula, le oscillazioni delle corde non sono più stimolate meccanicamente ma elettricamente, e si ottengono frequenze dell'ordine dei miliardi di hertz o gigahertz (1 GHz = 10^9 hertz).

Se poi dalle dimensioni micrometriche passiamo a quelle nanometriche, arriviamo alle vibrazioni molecolari, che sono dell'ordine di 10-100 terahertz (1 THz = 10^{12} hertz). Frequenze così elevate non hanno alcun interesse dal punto di vista musicale, ma possono essere utili in altri campi.

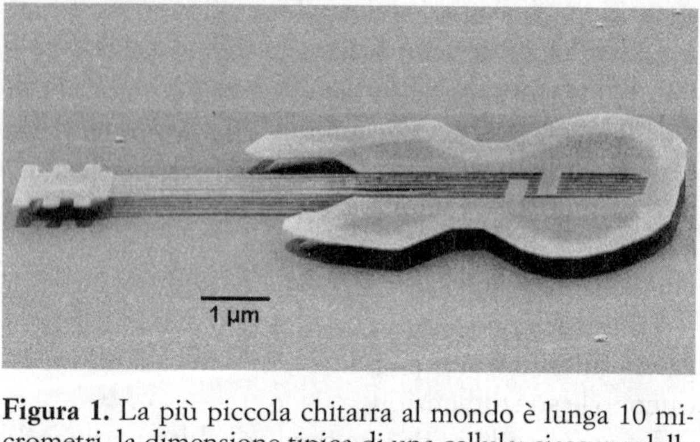

Figura 1. La più piccola chitarra al mondo è lunga 10 micrometri, la dimensione tipica di una cellula; ciascuna delle sei corde è spessa 50 nanometri (circa 100 atomi). È stata prodotta da silicio cristallino per dimostrare la fattibilità di dispositivi elettromeccanici micrometrici.
Immagine al microscopio elettronico, per gentile concessione di D. Carr e H. Craighead, Cornell University.

«C'è un sacco di posto là sotto»

Alcune discipline moderne, come le biotecnologie o la scienza dei materiali, hanno origini antichissime: le si può far risalire addirittura ai primi processi di lievitazione del pane o alla scoperta delle leghe metalliche come il bronzo.

La data di nascita delle nanotecnologie invece è ben definita e piuttosto recente: il 29 dicembre 1959. In quel giorno di cinquant'anni fa, infatti, al meeting annuale del Caltech (California Institute of Technology) Richard Feynman, il geniale fisico statunitense, tenne una conferenza dal titolo *There's plenty of room at the bottom*.

In quella celebre lezione Feynman descrisse per la prima volta le potenzialità legate alla manipolazione controllata del mondo atomico:

> Quello di cui voglio parlare è il problema di manipolare e controllare le cose su una scala piccolissima. Appena ne parlo, la gente mi ricorda la miniaturizzazione e come questa sia progredita fino a oggi, [...] ma questo è nulla: è soltanto il più primitivo stadio iniziale nella direzione che intendo discutere. [...] Considerate la possibilità che anche noi, come la biologia molecolare, siamo in grado di costruire oggetti piccolissimi che facciano quello che vogliamo; allora potremo anche produrre macchine capaci di manovrare a quel livello. [...] Non ho paura di dire che la questione decisiva sarà se alla fine – in un futuro lontano – saremo capaci di disporre gli atomi nel modo che vogliamo; sì, proprio giù sino agli atomi.

Tra l'incredulità dei presenti Feynman sostenne che un giorno sarebbe stato possibile scrivere l'intera

Enciclopedia Britannica sulla capocchia di uno spillo, e che tutti i libri del mondo avrebbero potuto essere condensati in un minuscolo opuscolo. E questa straordinaria miniaturizzazione sarebbe stata «una semplice riproduzione degli oggetti originali, riportando tutto in scala più piccola, senza perdita di risoluzione».

Nella conferenza Feynman indicò una serie di strade che soltanto in seguito sarebbero state definite nanotecnologia: per esempio produrre computer molto più piccoli e veloci (all'epoca una vera e propria profezia) oppure microchirurghi meccanici da mettere in circolo nel corpo umano per riparare tessuti o rimuovere occlusioni.

Feynman ammise di non avere idea di come si potessero creare macchine di tali dimensioni, ma per stimolare risposte offrì due premi di 1000 dollari: uno per la prima persona in grado di realizzare un motore elettrico funzionante che non fosse più grande di 1/64 di pollice (circa 4 millimetri) per lato, e un altro per la prima persona capace di ridurre una pagina di testo a 1/25 000 delle sue dimensioni (la riduzione necessaria per stipare l'*Enciclopedia Britannica* sulla capocchia di uno spillo).

Il premio per il motore andò poi a un ingegnere che nel 1960 riuscì a costruirne uno molto piccolo, ma usando tecniche meccaniche convenzionali. Sfortunatamente i vincoli posti da Feynman non erano abbastanza forti da richiedere per il micromotore lo sviluppo di una tecnologia del tutto innovativa, però il premio fu pagato lo stesso.

Per il secondo premio si è dovuto attendere oltre un quarto di secolo. Nel 1985 uno studente di Stanford, Thomas Newman, con una tecnica di litografia da fascio di elettroni riuscì a riprodurre la prima pagina di un racconto di Charles Dickens in un'area di soli 6 millesimi di millimetro per lato, venti volte più piccola di ciò che può distinguere l'occhio umano. Questa volta Feynman pagò il premio con entusiasmo, perché era stato fatto un significativo passo avanti tecnologico nella direzione desiderata.

L'attribuzione a Feynman della primogenitura sull'intuizione del ruolo futuro delle nanotecnologie è in larga misura convenzionale. Raramente il credito per la formulazione dei fondamenti di una nuova disciplina può andare a un singolo individuo; di solito il progresso è il risultato di molti sforzi collettivi. Parecchi chimici e fisici hanno contribuito con le loro idee già prima di Feynman alla nascita di questo campo, per esempio Irving Langmuir, grande chimico statunitense della prima metà del Novecento, che riuscì a realizzare i primi esempi di autoassemblaggio spontaneo di molecole; questo, come vedremo, è un aspetto cruciale delle moderne nanotecnologie.

Feynman si limitò a un'osservazione semplice ma essenziale: non ci sono ragioni fisiche fondamentali che impediscano all'uomo di far fare determinate cose ad atomi, molecole o loro aggregati ordinati. Se e quando ci si riuscirà, la potenzialità di questa tecnologia risulterà enorme, come enorme è il numero degli oggetti microscopici coinvolti in processi di quel genere.

Feynman non ha mai parlato di nanotecnologie o di nanoscienza. Il termine nanotecnologia è stato coniato soltanto nel 1974, pare, da Norio Taniguchi dell'Università di Tokyo.

Taniguchi propose di distinguere l'ingegneria su scala micrometrica, o microtecnologia, da un nuovo livello sub-micrometrico che chiamò nano-tecnologia. Ma poi per un decennio l'esistenza di questo nuovo campo rimase sconosciuta ai più.

Nel 1986 però un ricercatore del Massachusetts Institute of Technology, Eric Drexler, scrisse un libro intitolato *Engines of Creation* e destinato a diventare la pietra miliare da cui si è partiti per il rapido e turbolento sviluppo delle nanotecnologie.

Su questo libro e sugli scenari fantascientifici che prospetta, mescolando tecnologie e conoscenze reali con pseudoscienza e futurologia, ritorneremo più avanti. Per ora ci limitiamo a notare un'interessante coincidenza: proprio mentre il visionario Drexler fantasticava sulle future applicazioni delle nanotecnologie, alcune importanti scoperte contribuivano a dare un impulso determinante alla nascita del campo.

Di queste scoperte, del ruolo che hanno avuto e dei personaggi che ne sono stati protagonisti ci occuperemo nei prossimi capitoli.

CAPITOLO 2

Quanto grande è «grande» e quanto piccolo è «piccolo»

Era stata proprio la sua arte a condurlo al carcere. La corporazione era forte, rigida nella sua ortodossia, riconosciuta dall'Imperatore, e il suo dettato era chiaro: la materia era infinitamente divisibile. La sua immagine era l'acqua, non la sabbia; sostenere che ci fossero quei granelli ultimi, gli atomi, era eresia.

Primo Levi, «Il passa-muri»,
in *L'ultimo Natale di guerra*

La nanotecnologia è la scienza che si occupa del «piccolo», di oggetti di dimensioni quasi infinitesime, invisibili non soltanto ai nostri occhi ma addirittura ai microscopi più sofisticati. Per capire le nanotecnologie, dunque, dobbiamo prima capire che cosa significa veramente l'aggettivo *piccolo*, per noi che siamo abituati a valutare e misurare tutto con il metro delle esperienze umane.

Un elefante ci sembra grande e uno scoiattolo piccolo, ma in fin dei conti entrambi hanno dimensioni con lo stesso ordine di grandezza delle nostre: da molto lontano, noi, uno scoiattolo e un elefante non appariamo poi così diversi (almeno quanto a dimensioni!).

Sicuramente invece il pianeta Terra è grande, ma anche qui è bene dire rispetto a che cosa: è grande rispetto a noi, ma è un'inezia se pensiamo al Sistema solare o, peggio ancora, alla galassia a cui apparteniamo. Allo stesso modo noi diciamo che un capello è sottile, ma sulla scala degli atomi si tratta di un mostro con dimensioni un milione di volte più grandi.

L'idea di grande e piccolo insomma è relativa, e una definizione chiara di questi aggettivi è preliminare a qualsiasi altra considerazione. A questo scopo è utile prendere confidenza con un numero molto particolare, una «costante» usata quotidianamente da chimici e fisici, il cui valore però è talmente enorme che occorre uno sforzo di immaginazione e persino di astrazione per comprenderne appieno il significato. Parlo del *numero di Avogadro*.

Un numero con una lunga storia

Ma come nasce, che cos'è e perché è importante il numero di Avogadro? Per capirlo dobbiamo rifarci alla moderna teoria atomica e al suo padre riconosciuto, John Dalton.

Nato in Inghilterra da una famiglia quacchera, nell'estate del 1803 Dalton iniziò a riempire quaderni con appunti basati sull'idea che tutta la materia sia fatta di particelle estremamente piccole. Non fu il primo ad avere questa intuizione: molti pensatori greci – i più famosi sono Democrito ed Epicuro – ritenevano che il mondo fosse costituito da invisibili e impenetrabili particelle fondamentali che chiamavano *àtomoi*, in greco «indivisibili». Ma se i filosofi greci si erano limitati a immaginare e ipotizzare, Dalton invece usò i principi del moderno pensiero scientifico.

Grazie ai dati che erano stati raccolti in un secolo di sperimentazioni sui gas, Dalton concluse che ogni elemento chimico è formato da un particolare tipo di atomi, indistinguibili uno dall'altro, che non possono essere creati né distrutti ma si combinano tra loro a formare «atomi composti», quelle che oggi chiamiamo *molecole*. Il libro *A new system of chemical philosophy*, pubblicato da Dalton nel 1808, demoliva ogni residua speranza degli alchimisti di trasmutare gli elementi in oro, gettando invece le basi della chimica moderna.

Non più di tre anni dopo, nel 1811, il chimico torinese Amedeo Avogadro, studiando il comportamento dei gas giunse a un'altra importante conclusione: che volumi uguali di tutti i gas alla stessa temperatura e pressione contengono un identico numero di molecole. Questo risultato, perfettamente valido anche oggi, è noto come *principio di Avogadro* ed è la base da cui partire per ricavare il famoso numero.

Avogadro capì che in una data quantità di sostanza è contenuto un numero fisso di atomi o di molecole. Al contrario di quanto si potrebbe pensare, però, non giunse mai a definirne il valore numerico. Curiosamente dunque il numero di Avogadro non fu scoperto da Avogadro, il quale neppure tentò la difficile impresa. Per arrivare a stabilirne con precisione il valore fu necessario un secolo esatto di ulteriori sforzi e intuizioni.

In definitiva capire quanti atomi ci sono in un chicco di caffè o in un fiocco di neve equivale a capire quanto è grande una molecola di queste sostanze. È un po' come chiedersi quante zollette di zucchero ci sono in una confezione: basta dividere il volume totale della scatola per il volume di una singola zolletta e otterremo il numero di zollette.

Il primo a occuparsi del problema fu Thomas Young, contemporaneo di Dalton e Avogadro, che aveva escogitato un modo ingegnoso per stimare le dimensioni delle molecole di acqua studiando la tensione superficiale.

Young calcolò che ognuna di quelle che chiamava «particelle d'acqua» dovesse avere dimensioni comprese tra i 5000 e i 25 000 milionesimi di centimetro. È una stima circa diecimila volte più grande delle reali dimensioni di una molecola d'acqua, ma sorprendentemente accurata se si pensa che fu ottenuta all'epoca delle guerre napoleoniche.

Intorno al 1865 poi il chimico austriaco Johann Loschmidt, studiando il volume occupato dall'acqua in fase liquida e in fase gassosa, giunse a stimare che le molecole avessero dimensioni di qualche milionesimo di millimetro. Perciò in una data quantità di sostanza, la cosiddetta *mole*, dovevano esserci circa $5 \cdot 10^{22}$ molecole. Questa prima stima moderna del numero di Avogadro, sebbene ancora imprecisa, ci dà già un'idea dell'enormità di questo numero: 5 seguito da ben ventidue zeri!

A dare un contributo decisivo alla determinazione del numero di Avogadro provvide il solito Albert

Einstein in uno dei suoi articoli fondamentali degli anni 1905-1906. Già nella sua tesi di dottorato Einstein aveva calcolato il valore del numero di Avogadro, trovandolo pari a $2{,}1 \cdot 10^{23}$. Poi nel 1906, in seguito a calcoli più accurati, corresse il valore a $4{,}15 \cdot 10^{23}$. Infine nel 1911 giunse a una stima finale: $6{,}6 \cdot 10^{23}$.

Oggi sappiamo che il valore è $6{,}0221367 \cdot 10^{23}$, quindi poco diverso dalla migliore stima di Einstein. Ma che cosa significa esattamente questo numero?

Proviamo a scrivere per esteso il numero di Avogadro: 602 213 670 000 000 000 000 000, vale a dire circa seicentomila miliardi di miliardi. Questo è il numero delle molecole contenute in una mole d'acqua, cioè in 18 grammi, più o meno un cucchiaio.

Se avessimo a disposizione un numero di Avogadro di lattine di birra, potremmo ricoprire la superficie della Terra non una, non due, ma talmente tante volte da formare uno spessore di oltre 300 kilometri, riempiendo praticamente l'intera atmosfera.

Si stima che il numero delle formiche sulla Terra sia 10 milioni di miliardi (10^{16}). È un numero così grande che la loro biomassa praticamente equivale a quella di tutto il genere umano. E tuttavia per mettere insieme un numero di Avogadro di formiche ci vorrebbero 60 milioni ($6 \cdot 10^{7}$) di pianeti come la Terra!

Ma se un cucchiaio d'acqua contiene un numero di molecole molto più grande del numero di tutte le formiche presenti sulla Terra, allora le dimensioni delle molecole devono essere non piccole, neppure piccolissime, ma più piccole dell'immaginabile.

Piccolo o grande?

Per dare un'idea di come la materia possa occupare volumi ridottissimi, come negli atomi e nelle molecole, oppure infinitamente grandi, come nello spazio interstellare, Phil e Phylis Morrison e Charles e Ray Eames pubblicarono negli anni Ottanta quello che è divenuto un classico della divulgazione scientifica: *Potenze di dieci*, un viaggio nelle dimensioni relative degli oggetti nell'universo, basato sui multipli e sui sottomultipli del metro che è l'unità di misura delle lunghezze.

Il metro è la dimensione dell'uomo, quella a cui facciamo riferimento ogni giorno per confrontarci con quanto ci circonda. Ecco quindi che partendo dalle dimensioni di una persona, 10^0 m ossia 1 metro, possiamo espandere il nostro orizzonte a una città, 10^4 metri (10 kilometri), all'Italia, 10^6 metri (1000 kilometri), alla Terra, 10^7 metri (diecimila kilometri), e così via fino al Sistema solare, alla Via Lattea, agli ammassi di galassie, in un crescendo che si conclude ai confini dell'universo, con distanze dell'ordine di 10^{25} metri (circa un miliardo di anni luce).

Un numero di Avogadro di passi, dunque, ci porterebbe vicino ai limiti dell'universo. E se facessimo il percorso inverso?

Scendere a scale sempre più piccole ci porta a vedere cose incredibili. Già alle dimensioni del decimo di millimetro (10^{-4} m) entriamo nei pori della pelle, per poi scendere alle dimensioni di una cellula (10^{-5} m), incontrare i cromosomi (10^{-7} m) e le molecole di DNA (10^{-8} m).

Continuando a scendere troviamo molecole ancora più piccole, fatte di pochi atomi, come lo zucchero o l'etanolo che hanno dimensioni di 10^{-9} m, un miliardesimo di metro. È questo il famoso *nanometro*, che si abbrevia con il simbolo nm (il prefisso *nano* indica proprio il fattore 10^{-9}).

Ecco che il nostro viaggio è arrivato al punto centrale di tutto il nostro discorso: la materia a livello molecolare, nanometrico appunto, la base delle nanotecnologie.

Non che il viaggio si fermi qui: al di sotto delle molecole troviamo i singoli atomi, con dimensioni dell'ordine di 10^{-10} m (o 1 Ångstrom), e poi ancora più giù i nuclei atomici formati da protoni e neutroni, grandi appena 10^{-15} m (o 1 fermi), ai limiti dell'infinitamente piccolo.

Con 40 scalini fatti di potenze di 10, insomma, si passa dai limiti dell'universo (10^{25} m) alle particelle elementari (10^{-15} m). L'uomo sta più o meno in mezzo, con le sue dimensioni molto particolari. A questo punto potremmo chiederci se siamo grandi o piccoli, ma credo sia ormai chiaro che la domanda non ha senso se non si specifica «rispetto a cosa».

Ora sappiamo che in questo foglio di carta ci sono circa 10^{23} atomi. Nell'inchiostro usato per stampare una singola lettera ce ne sono molti di meno, ma sempre un numero enorme, dell'ordine di 10^{19}. Se vi sembra impossibile pensate che anche in un puntino si possono far stare tante cose. Durante la Seconda guerra mondiale gli agenti tedeschi usavano una forma di stenografia per ridurre lo scritto della dimen-

Tabella 1. Dal grande al piccolo (in grigio l'area del mondo nano).

dimensione in nanometri (nm)	ordine di grandezza	oggetto	misura in altre unità**
380 000 000 000 000 000	10^{17} nm	orbita lunare	380 000 km
12 800 000 000 000 000	10^{16} nm	Terra	12 800 km
3 480 000 000 000 000	10^{15} nm	Luna	3480 km
10 000 000 000 000	10^{13} nm	grande città	10 km
100 000 000 000	10^{11} nm	campo da calcio	100 m
1 700 000 000	10^{9} nm	corpo umano	1,7 m
220 000 000	10^{8} nm	palla da calcio	22 cm
10 000 000	10^{7} nm	mosca	1 cm
50 000	10^{5} nm	capello	50 µm
10 000	10^{4} nm	cianobatterio	10 µm
5000	10^{4} nm	globulo rosso	5 µm
1000	10^{3} nm	*Escherichia coli*	1 µm
100	10^{2} nm	nanoparticella	100 nm
65	10^{2} nm	transistor	65 nm
50	10^{2} nm	virus dell'epatite C	50 nm
20	10^{1} nm	ribosoma	20 nm
2,0	10^{0} nm	molecola di DNA	2 nm
1,0	10^{0} nm	nanotubo di carbonio	1 nm
0,4	10^{-1} nm	molecola d'acqua	4 Å
0,1	10^{-1} nm	atomo di idrogeno	1 Å

** 1 km = 10^3 m   1 cm = 10^{-2} m   1 µm (micrometro) = 10^{-6} m   1 nm = 10^{-9} m   1 Å (Ångstrom) = 10^{-10} m

sione di una pagina in una macchiolina che poteva essere nascosta sotto il puntino di una *i*. Quindi, se ci sono così tanti atomi in un puntino, vale la pena di porsi una domanda più generale: ma la purezza in natura esiste veramente?

Anche qui bisogna intendersi sul significato delle parole. Per noi una sostanza è pura quando è *incontaminata*, cioè quando contiene soltanto molecole di un unico tipo. Parliamo di aria e acqua pura, ma queste in realtà sono astrazioni. L'acqua del rubinetto, per esempio, contiene tanti tipi di sali minerali. Ma anche l'acqua distillata, separata dai sali, contiene soltanto H_2O?

Supponiamo che gli ioni e i sali disciolti siano presenti in misura estremamente bassa: diciamo una parte per miliardo, ossia 10^{-9}. Possiamo tranquillamente dire che si tratta di acqua e basta, e che i sali sono presenti solo in tracce; avremmo serie difficoltà a misurare concentrazioni così minuscole.

Ma una parte per miliardo vuol dire comunque che nel nostro cucchiaio d'acqua le molecole di sostanze estranee sono quasi un milione di miliardi, sempre un numero enorme ($6 \cdot 10^{23} \cdot 10^{-9} = 6 \cdot 10^{14}$).

Le dimensioni molecolari sono talmente piccole e il numero di Avogadro è talmente immenso che pensare a una sostanza assolutamente pura non ha senso. Come ebbe a osservare il grande fisico inglese Lord Kelvin, uno dei padri della termodinamica:

> Supponete di poter marcare le molecole d'acqua contenute in un bicchiere, di versare il contenuto nell'oceano e

di mescolare in modo da distribuire le molecole marcate in modo omogeneo sui sette grandi mari del pianeta: se poi preleverete un bicchiere d'acqua da un qualsiasi punto di un oceano, ci troverete dentro circa cento molecole marcate!

Colloidi, cluster e altro

Comprendere le dimensioni atomiche e molecolari e il numero di oggetti che costituisce la materia come noi la conosciamo, sia essa un truciolo di ferro, una goccia d'acqua o un piccolo diamante, è essenziale per capire le nanotecnologie e le loro potenzialità. Ma fa sorgere anche altre domande fondamentali.

Supponiamo di suddividere con una bacchetta magica un pezzo di cera in frammenti sempre più piccoli; dividendo ogni volta in due il nostro composto, con molta pazienza arriveremo a un certo punto ad avere frammenti che contengono sempre meno atomi e molecole. Fino a che punto le caratteristiche chimiche e fisiche (colore, consistenza, punto di fusione) dei frammenti resteranno quelle che conosciamo? Queste proprietà si modificheranno man mano che proseguiamo nella suddivisione? E la transizione avverrà in modo brusco o si svilupperà in modo così lento e progressivo che non ce ne accorgeremo neppure?

Una minuscola particella di nichel del peso di un milionesimo di grammo contiene circa 10^{16} atomi. È già invisibile ai nostri occhi, ma contiene così tanti atomi che molte sue caratteristiche sono del tutto simili a quelle di un grammo o di una tonnellata del metallo. Se però le particelle diventano più piccole, sino a contenere soltanto alcuni milioni o migliaia di atomi, varrà ancora lo stesso discorso?

Già nella prima metà dell'Ottocento il chimico inglese Michael Faraday, durante i suoi fondamentali studi nel campo dell'elettrochimica, aveva osservato le proprietà uniche dei *colloidi*, sostanze che si presentano sotto forma di particelle troppo piccole per essere viste a occhio nudo. Senza accorgercene siamo circondati da sistemi colloidali: per esempio il latte, dove microparticelle di grasso sono disperse in acqua, o la nebbia, dove le particelle di acqua sono disperse in un gas, l'aria atmosferica.

Da molto tempo i chimici hanno imparato a lavorare con i colloidi, ben prima di sapere che si trattava di una nanotecnologia. Essi sono in grado per esempio di preparare oro colloidale: nanoparticelle di oro disperse in un solvente danno luogo a un'intensa colorazione che va dal giallo al rosso. Un'ulteriore suddivisione di queste microparticelle può portare a oggetti che contengono poche migliaia, centinaia o addirittura decine di atomi, sino al limite in cui l'insieme è formato da due atomi soltanto: la sua ulteriore suddivisione allora ci porta all'atomo, l'«indivisibile».

Come ci si potrebbe aspettare, le proprietà della materia cambiano in modo sostanziale quando si passa da una piccola particella di qualche miliardo di atomi a un microaggregato di poche decine o centinaia di atomi. E anche queste proprietà, d'altra parte, sono completamente diverse da quelle degli atomi isolati.

Gli aggregati atomici ultrapiccoli sono spesso chiamati con il termine inglese *cluster*, che indica un gruppetto di oggetti. I cluster costituiscono dunque una nuova fase di aggregazione della materia, con caratteristiche che non sono proprie né dello stato liquido o solido né di quello atomico. La storia di come sono stati prodotti e analizzati è fondamentale per capire lo sviluppo delle moderne nanotecnologie.

Gli scienziati incominciarono negli anni Settanta a porsi la questione di come preparare piccoli aggregati di atomi o molecole. Una delle prime domande che si posero fu: quanti atomi sono necessari per passare da un cluster con le sue peculiarità a un solido (o un liquido) vero e proprio? Era un po' come chiedersi quante persone ci vogliono per fare un popolo: cento? mille? un milione?

Oggi sappiamo che la risposta non è univoca, perché non tutte le proprietà di un cluster evolvono verso quelle del solido con lo stesso andamento e la stessa rapidità man mano che le dimensioni dell'aggregato aumentano.

Le proprietà peculiari di questa nuova classe di materiali li rendono assai interessanti non soltanto dal punto di vista dei principi generali fisici e chimici, ma anche sul piano applicativo. Avete mai avuto occasione di ammirare gli splendidi colori delle vetrate delle cattedrali del Duecento? E in particolare la brillantezza di certi colori come il rosso? Be', soltanto pochi anni fa si è scoperto che tale colorazione è dovuta al fatto che nel vetro sono inglobate piccolissime particelle di oro, che assorbono la luce in modo completamente diverso dall'oro metallico e producono la colorazione rossa rubino. Anche questi vetri sono sistemi colloidali. I maestri vetrai del Medioevo avevano imparato a utilizzare sofisticate tecniche di preparazione dei vetri, mescolando sali o polvere d'oro all'impasto per ottenere l'effetto desiderato. Senza saperlo, usavano già una nanotecnologia.

La potenziale importanza dei cluster era stata intravista già nel Seicento dal chimico inglese Robert Boyle. Neppure lui conosceva il segreto delle particelle d'oro nelle vetrate, ma nel suo *Sceptical Chymist* del 1661 parlava di «minuscole masse o aggregati, difficili da scindersi nelle particelle costitutive».

Per mettere insieme alcuni atomi e formare un cluster bisogna prima «smontare» la materia e separare gli atomi gli uni dagli altri. All'inizio molti tentativi sperimentali di produrre cluster utilizzavano litio e altri metalli alcalini, per via della loro facile evaporazione. Evaporare un metallo equivale infatti a separarlo in atomi che vanno a formare un gas. Il problema diventa poi quello di far ricombinare soltanto un numero piccolo di questi atomi.

Vari tentativi fatti verso la fine degli anni Settanta avevano prodotto risultati poco soddisfacenti. Agli inizi degli anni Ottanta ci fu la svolta. Richard Smalley della Rice University, in Texas, inventò un complesso apparato sperimentale che fa espandere un gas di atomi a velocità supersonica attraverso un forellino molto piccolo, provocando il raffreddamento rapido del gas e la formazione di aggregati di varie dimensioni: da due, tre, quattro atomi a cluster via via più grandi, sino a dimensioni di decine o centinaia di atomi.

Non solo: grazie a quella tecnica innovativa, divenne possibile determinare anche l'abbondanza dei cluster prodotti, e quindi la loro stabilità. Vedremo più avanti come questo risultato abbia avuto conseguenze fondamentali nella scoperta del C_{60}, un aggregato di carbonio molto speciale.

Lo studio degli aggregati di pochi atomi suscitò subito grande interesse e, sia pure con difficoltà, gli esperimenti di Smalley consentirono di produrre nuovi oggetti di dimensioni nanometriche e di osservarne le proprietà.

Non mancarono fenomeni strani, inattesi, a volte inspiegabili. Si osservò per esempio come alcuni cluster di sodio fossero molto più stabili di altri: in particolare i cluster di 8, 20, 40 atomi risultavano di gran lunga più abbondanti. Si parlò persino di «numeri magici», per spiegare osservazioni inizialmente incomprensibili. In seguito si sarebbe scoperto che le regole che determinano la stabilità dei cluster di sodio sono concettualmente simili a quelle che determinano la stabilità di alcuni nuclei atomici e la scarsa tendenza a reagire di elementi come i gas nobili, che hanno un numero particolare di elettroni.

Ma emerse subito anche un'altra particolarità: il mondo dei cluster non obbedisce alle leggi classiche della fisica; le loro proprietà possono essere spiegate soltanto con la teoria quantistica della materia, cioè usando la famosa equazione formulata nel 1927 dal fisico austriaco Erwin Schrödinger. Questa equazione descrive il moto e l'energia di una particella come l'elettrone mediante una particolare funzione matematica, la *funzione d'onda*, che è una quantità centrale in tutta la meccanica quantistica.

Un mondo tutto speciale

Nel 1924 il fisico francese Louis de Broglie nella sua tesi di dottorato aveva avanzato la rivoluzionaria teoria secondo cui l'elettrone non si comporta come una normale particella, ma come un'onda.

Per il nostro senso comune le due cose sono diverse e inconciliabili: una palla da biliardo segue una traiettoria ben precisa, nella quale non si nota nessun moto ondulatorio; un'onda acustica invece è qualcosa di immateriale che però fa vibrare una membrana e produce un suono ben preciso.

De Broglie fu il primo a ipotizzare che le particelle elementari possano comportarsi al tempo stesso come corpuscoli e anche come onde. E quantificò persino le caratteristiche del moto ondulatorio: la lunghezza d'onda di un oggetto con massa m e velocità v è data da h/mv, dove h è la cosiddetta *costante di Planck*, una costante fondamentale della natura che vale $6{,}6\cdot10^{-34}$ joule·secondo.

Non ci vuole molto a verificare che se lanciamo un sasso che pesa 100 grammi, cioè 0,1 kg, a una velocità di 10 metri al secondo, il suo moto ondulatorio avrà una lunghezza d'onda pari a $6{,}6\cdot10^{-34}$ m, cioè miliardi di miliardi di volte più piccola delle dimensioni di un nucleo atomico. E se già non riusciamo a vedere gli atomi e i loro nuclei, figuriamoci se potremo osservare gli effetti ondulatori di questa oscillazione! Il moto ondulatorio degli oggetti della vita quotidiana perciò è del tutto irrilevante. Se però consideriamo il moto di un elettrone, che ha una massa minuscola (10^{-30} kg) e orbita negli atomi ad alta velocità (pari a circa $6 \cdot 10^5$ m/s), troviamo che la lunghezza d'onda vale $6{,}6 \cdot 10^{-34} / (6 \cdot 10^5 \cdot 10^{-30}) = 10^{-9}$ m.

Ora la situazione è completamente diversa: 10^{-9} m equivale a un nanometro, la lunghezza d'onda dei raggi X. L'onda associata a un elettrone, dunque, ha lunghezza paragonabile alle dimensioni del nanomondo in cui l'elettrone si muove. Quel moto ondulatorio, in altre parole, non può essere ignorato: se potessimo ridurci alle dimensioni di un elettrone, avremmo l'impressione di muoverci come una barchetta in un mare mosso, che segue la propria rotta ma è soggetta a un continuo beccheggio.

Se vi disturba il fatto che un elettrone possa essere visto allo stesso tempo come una particella materiale o un'onda immateriale a seconda di «come lo si guarda», pensate che situazioni simili si verificano in natura. Quando il primo esemplare di ornitorinco impagliato, un essere paradossale che vive in Australia, giunse al British Museum nel 1798, i naturalisti pensarono a uno scherzo. Le sue zampe da anatra, il becco pronunciato, la deposizione di uova, lo fanno assomigliare a tutti gli effetti a un uccello; ma il suo pelo morbido, le quattro zampe, l'esistenza di discrete mammelle con cui la femmina allatta i piccoli lo fanno classificare come un mammifero. Ci volle quasi un secolo per convincersi che l'ornitorinco è sia una cosa sia l'altra e che appartiene a un genere tutto suo. A seconda di come lo guardate, l'ornitorinco vi apparirà in un modo o nell'altro, proprio come l'elettrone.

Il 16 novembre 1925 Schrödinger, in una lettera indirizzata ad Albert Einstein, scriveva: «In questi giorni sono profondamente occupato con l'ingegnosa idea di de Broglie. È straordinariamente eccitante, ma contiene ancora gravi difficoltà». Una settimana più tardi Schrödinger tenne un seminario sul lavoro di de Broglie; al termine della presentazione, uno dei presenti suggerì che ci doveva essere un'equazione d'onda che descrivesse il moto dell'elettrone.

Si narra che questa equazione, una delle più importanti del XX secolo, sia stata formulata in una notte di dicembre del 1925 in un piccolo hotel delle Alpi austriache, dove Schrödinger soggiornava, pare, in gentile compagnia femminile all'insaputa della moglie.

Rientrato dalle vacanze, Schrödinger pubblicò il suo articolo su Annalen der Physik. L'articolo del 1926 iniziava così:

> In questo articolo vorrei dimostrare, partendo dal caso più semplice dell'atomo di idrogeno, che le consuete regole per la quantizzazione possono essere sostituite da un altro requisito in cui non c'è alcuna necessità di ricorrere a numeri interi. Il concetto di quantizzazione segue in modo del tutto naturale dal fatto che il numero di nodi di una corda vibrante deve essere un intero. Questa nuova interpretazione può essere generalizzata e investe in modo molto profondo la reale natura delle regole di quantizzazione.

Il discorso apparirà criptico al profano. In realtà fin dall'incipit Schrödinger illustra il concetto fondamentale di *meccanica ondulatoria* per descrivere le proprietà della materia a livello atomico e molecolare.

Per ora è bene fermarsi qui, ma non prima di aver sottolineato l'importanza determinante del fatto che il mondo «nano» non segue le regole a cui siamo abituati; esso obbedisce invece a quelle regole sorprendenti che governano il mondo atomico.

Senza questa premessa non è possibile capire perché il geco (sì, proprio il simpatico animaletto) riesce a muoversi sulle pareti o sul soffitto di una stanza senza cadere, o perché oggi possiamo «vedere» gli atomi grazie a un fantastico fenomeno quantistico, l'*effetto tunnel*, o ancora perché manipolando la materia a livello atomico possiamo sperare di costruire macchine basate su principi completamente nuovi, come il computer quantistico.

Ma tutto ciò ci porta lontano, a cose di cui ci occuperemo più avanti. Per ora accontentiamoci di tornare ai nostri cluster e alle loro curiose proprietà.

Costruire «atomi artificiali»?

Come abbiamo accennato, la tecnica messa a punto da Smalley intorno al 1980 segnò un progresso importante nella preparazione di insiemi ben definiti di atomi dei vari elementi. Essa permise di studiare negli anni successivi la stabilità dei cluster, le loro proprietà ottiche e magnetiche, la loro capacità di reagire con varie molecole. Mancava però ancora un sistema per ottenere nanoparticelle di dimensioni specifiche in modo semplice e poco costoso, così da semplificare l'uso dei cluster per scopi pratici.

Si trattava insomma di trovare metodi per far sì che gli atomi, una volta generati per vaporizzazione del metallo, si aggregassero naturalmente a formare strutture ben definite, tutte uguali o quasi, per esempio depositandosi sulla superficie di un supporto.

Una delle idee centrali delle nanotecnologie infatti è proprio quella dell'*auto-assemblaggio*; in inglese si usa l'espressione *bottom-up*, a indicare che il nostro edificio si deve costruire dal basso, mattone per mattone. È un po' come se i cocci di un prezioso vaso caduto sul pavimento potessero tornare al proprio posto riformando la struttura iniziale, come in un film visto a ritroso.

Va detto subito che, nonostante i progressi ottenuti in questa direzione, non siamo ancora capaci di far tornare i cocci al loro posto in modo spontaneo, creando cioè l'ordine a partire dal disordine.

Ma a questo obiettivo ci si è avvicinati: oggi per esempio sappiamo produrre insiemi piuttosto grandi di atomi di semiconduttori, come il germanio o il silicio, o di composti come il seleniuro di cadmio, che vanno a formare nanostrutture con dimensioni di qualche nanometro.

Questi oggetti, fatti di alcune migliaia o decine di migliaia di atomi disposti in modo ordinato a formare una struttura cristallina, sono chiamati *punti quantici* (in inglese *quantum dots*). Nonostante il nome sono molto più grandi di un cluster, che contiene soltanto decine o centinaia di atomi, e sono tutt'altro che puntiformi. Ma si tratta pur sempre di strutture con dimensioni submicroscopiche e livelli energetici che hanno caratteristiche di quantizzazione simili a quelle degli atomi, tanto che c'è chi ha parlato di «atomi artificiali».

Se illuminati con luce ultravioletta, i punti quantici emettono luce fluorescente di colore diverso a seconda della dimensione della struttura. Questa non è una proprietà banale, anzi è piuttosto sorprendente. Immaginate di prendere un mattone e di romperlo in due: il suo colore non cambierà, né cambierà se lo spezzettate in frammenti piccolissimi. Il colore del mattone è invariante con le dimensioni. Invece le proprietà di assorbimento ed emissione della luce da parte dei punti quantici dipendono dalle loro dimensioni, in conseguenza della particolare distribuzione degli elettroni in questi «atomi artificiali».

Oggi si possono usare punti quantici come marcatori fluorescenti in esperimenti biologici e in diagnostica medica. Finora questa funzione era stata affidata a molecole fluorescenti capaci di legarsi a un anticorpo e marcare così singole cellule: se opportunamente stimolate, le molecole emettono un segnale luminoso che permette di identificare le cellule marcate.

Un problema con le molecole fluorescenti è che «si spengono» rapidamente, nel giro di uno o due minuti. I punti quantici, in questo caso di seleniuro di gallio, oltre a essere più luminosi, emettono per tempi molto più lunghi. Ci sono aziende che li commercializzano; una si chiama proprio Quantum Dot Corporation.

I punti quantici sono studiati anche per produrre

laser di nuova generazione, e in generale nei processi opto-elettronici, ossia nella integrazione di segnali elettrici (basati su flusso di elettroni) con segnali ottici (basati sulla luce). Una delle applicazioni più interessanti è la sostituzione delle normali lampade a incandescenza con altre basate su diodi emettitori di luce (LED, da *light emitting diode*) costituiti da punti quantici. A tutt'oggi i punti quantici sono già oggetto di oltre mille brevetti nei soli Stati Uniti.

Con la creazione degli «atomi artificiali» si è realizzato qualcosa di simile al sogno degli antichi alchimisti. Per questi visionari un po' pazzi (che anticiparono però numerosi sviluppi della chimica) esisteva una sola sostanza preziosa, l'oro, e l'obiettivo era trasmutare ogni altro elemento nel raro metallo.

Oggi però sappiamo che l'oro non è il metallo più prezioso: ci sono molte sostanze di valore ben maggiore. E imparare a trasformare la materia per farla funzionare in modi nuovi e utili può essere più importante – e persino più interessante economicamente – che non trasformare i metalli in oro. La chiave sta nel progettare e creare nuovi materiali e tecnologie di elevato valore aggiunto; e in questo campo le nanotecnologie potrebbero diventare la nuova *pietra filosofale*.

CAPITOLO 3

Architetture di carbonio

Accade anche in chimica, come in architettura, che gli edifici «belli», e cioè simmetrici e semplici, siano anche i più saldi: avviene insomma per le molecole come per le cupole delle cattedrali o per le arcate dei ponti.

Primo Levi, «Azoto»,
in *Il sistema periodico*

Nell'estate del 1983 stavo lavorando al mio dottorato di ricerca presso la Freie Universität di Berlino. A quell'epoca mi occupavo dello studio teorico delle proprietà di cluster di vari metalli leggeri come il litio, il berillio, l'alluminio, e avevamo già ottenuto una serie di risultati interessanti. Un giorno il mio capo mi chiamò per presentarmi un tale professor Krätschmer, dell'Università di Heidelberg, che stava studiando piccoli aggregati di pochi atomi di carbonio, forse presenti nelle code delle comete e in certe stelle, per determinare in quali condizioni si possono formare.

Per identificare questi oggetti Krätschmer li riproduceva in laboratorio, dove poi faceva ricorso a tecniche di spettroscopia ottica basate sull'analisi della luce assorbita, ma l'interpretazione dei dati richiedeva calcoli piuttosto elaborati. Le tecniche di calcolo da noi usate per lo studio dei cluster metallici erano particolarmente indicate per questo tipo di lavoro e

Krätschmer voleva coinvolgerci nel progetto per meglio comprendere i suoi esperimenti.

Il mio lavoro subì una temporanea deviazione e di lì a poco mi trovai a contatto per la prima volta con cluster di carbonio, di cui sino a quel momento avevo ignorato l'esistenza. A quel tempo l'argomento era ancora piuttosto esotico, ma Rich Smalley un paio di anni prima aveva costruito il generatore di cluster di cui abbiamo già parlato, e ciò rendeva il tema «caldo» e promettente. Negli stessi anni e dall'altra parte dell'Atlantico stavano infatti per maturare i presupposti per una scoperta clamorosa, che avrebbe contribuito non poco all'affermarsi delle nanotecnologie.

Smalley, che aveva aperto la via alla produzione di aggregati di atomi di quasi tutti gli elementi della tavola periodica, non era particolarmente interessato a studiare cluster di carbonio con la sua sorgente. Nel 1984 però un gruppo diretto da Andrej Kaldor al centro di ricerche della Exxon aveva costruito uno strumento simile a quello di Smalley e generato con esso per la prima volta cluster di carbonio in un «getto supersonico», riuscendo inoltre a ottenere una misura delle abbondanze relative dei vari aggregati tramite quello che nel linguaggio tecnico è chiamato *spettro di massa*.

Lo spettro poteva essere diviso in tre zone: una relativa a cluster contenenti meno di 25 atomi di carbonio, una seconda zona che Kaldor chiamò «zona proibita» a causa della bassissima quantità di cluster prodotti, e una terza zona in cui si formavano soltanto cluster con un numero di atomi pari e compreso tra 40 e 150. In questo spettro compariva molto chiaramente un picco assai pronunciato in corrispondenza dell'aggregato con 60 atomi di carbonio, in formula C_{60}.

È probabile che gli autori di questo lavoro non si siano mai perdonati il fatto di non aver analizzato più a fondo la ragione della particolare intensità del picco. Non lo fecero però neppure altri che lavoravano nello stesso campo, incluso lo stesso Smalley che, visto il risultato del gruppo della Exxon, si limitò a constatare la presenza di un altro «numero magico» nel turbolento mondo dei cluster.

In realtà il gruppo della Exxon non aveva focalizzato sufficientemente il proprio strumento per «vedere» la preminenza dell'aggregato di 60 atomi. All'inizio del 1985 un altro gruppo diretto da Louis Bloomfield generò un getto di cluster di carbonio ma, sempre per via della scarsa risoluzione, non notò la forte tendenza a formarsi del C_{60}.

La focalizzazione necessaria divenne però fattibile alcuni mesi più tardi, questa volta nel gruppo di Smalley alla Rice University. Harry Kroto, allora professore all'Università del Sussex in Inghilterra, era in visita presso il gruppo di Smalley in Texas per una decina di giorni all'inizio di settembre del 1985. Era lì per seguire un esperimento di produzione di cluster di carbonio volto a simulare le condizioni in cui essi si formano nell'atmosfera di alcune stelle «fredde», come le giganti rosse.

Giunto a Houston, Kroto si mise al lavoro insieme a due giovani collaboratori di Smalley, Sean O'Brien e Jim Heath. Gli esperimenti diedero subito risultati interessanti. Gli spettri mostravano che si formavano vari aggregati e che il composto contenente 60 atomi era presente con un'abbondanza molto grande, completamente fuori scala rispetto al resto. Questa osservazione fu fatta il 4 settembre.

Due giorni dopo, un venerdì, ci fu una riunione dell'intero gruppo per pianificare nuovi esperimenti volti a confermare l'inusuale osservazione e a ottimizzare le condizioni per ottenere lo speciale aggregato. Heath e O'Brien lavorarono l'intero fine settimana e la domenica sera avevano un nuovo spettro di massa in cui compariva praticamente soltanto il picco corri-

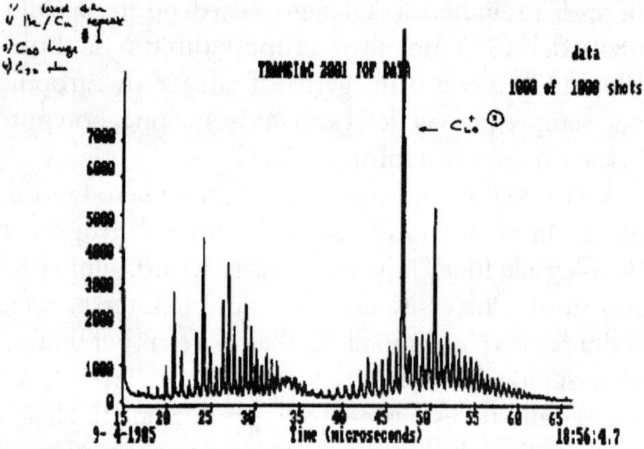

Figura 2. La figura originale che riporta lo spettro di massa di cluster di carbonio prodotto da Smalley e collaboratori il 4 settembre 1985. Si nota un picco molto pronunciato in corrispondenza di un aggregato di 60 atomi. In alto a sinistra gli autori hanno annotato «C_{60} huge», ossia gigantesco, a segnalare l'abnorme stabilità di questo aggregato.

spondente al C_{60}, accanto a una piccola quantità di C_{70} (figura 2). Già il lunedì, 9 settembre, ebbero inizio le speculazioni sulla possibile struttura di quel nuovo aggregato di 60 atomi che, venendo prodotto in modo particolarmente abbondante, denotava una stabilità molto pronunciata.

Un pallone di atomi

In natura il carbonio forma due tipi di solidi cristallini, molto diversi tra loro: il diamante, che ha una struttura basata su tetraedri, tipicamente tridimensionale, e la grafite, che è fatta invece di «fogli» bidimensionali di anelli esagonali di atomi di carbonio, tenuti insieme da deboli forze tra strato e strato. Così mentre il diamante è durissimo, la grafite si sfalda facilmente, tanto che la si usa anche come lubrificante solido o per le mine delle matite.

Il nuovo composto C_{60} identificato in Texas sicuramente non aveva la struttura del diamante, ma non poteva neppure essere un foglio piatto di grafite: gli atomi ai bordi del foglio sarebbero stati molto reattivi chimicamente, in quanto più esposti, rendendo instabile il composto; invece il C_{60} era stabile e non reattivo. Lentamente si fece strada l'ipotesi che strutture planari di carbonio si fossero chiuse su se stesse per formare una sorta di gabbia. L'idea di una struttura di tipo sferico venne a Kroto, che anni prima aveva visitato una mostra di opere dell'architetto statunitense Buckminster Fuller, l'inventore delle cupole geodesiche.

Smalley andò in biblioteca dove consultò un volu-

Figura 3. La costruzione di una cupola geodesica del tipo progettato dall'architetto R. Buckminster Fuller. Foto Vera Bogaerts/Shutterstock.

me sul famoso architetto e sui suoi lavori, basati su tenso-strutture a traliccio formate da esagoni o poligoni regolari, che sostengono una copertura in tela o in materiale plastico. Smalley dedicò tutta la sera a ritagliare e comporre insiemi di esagoni e pentagoni che potessero dare luogo a una forma chiusa con sessanta vertici. Alla fine emerse una struttura contenente 12 pentagoni e 20 esagoni, proprio come la superficie di un pallone da calcio, che rendeva conto della possibile forma della nuova molecola.

Kroto a quel punto tornò in Inghilterra, e pochi giorni dopo, il 13 settembre, la rivista Nature ricevette un breve articolo che descriveva la scoperta; la parte iniziale della pubblicazione è riprodotta qui a lato.

162 LETTERS TO NATURE NATURE VOL. 318 14 NOVEMBER 1985

C_{60}: Buckminsterfullerene

H. W. Kroto*, J. R. Heath, S. C. O'Brien, R. F. Curl & R. E. Smalley

Rice Quantum Institute and Departments of Chemistry and Electrical Engineering, Rice University, Houston, Texas 77251, USA

During experiments aimed at understanding the mechanisms by which long-chain carbon molecules are formed in interstellar space and circumstellar shells[1], graphite has been vaporized by laser irradiation, producing a remarkably stable cluster consisting of 60 carbon atoms. Concerning the question of what kind of 60-carbon atom structure might give rise to a superstable species, we suggest a truncated icosahedron, a polygon with 60 vertices and 32 faces, 12 of which are pentagonal and 20 hexagonal. This object is commonly encountered as the football shown in Fig. 1. The C_{60} molecule which results when a carbon atom is placed at each vertex of this structure has all valences satisfied by two single bonds and one double bond, has many resonance structures, and appears to be aromatic.

The technique used to produce and detect this unusual molecule involves the vaporization of carbon species from the surface of a solid disk of graphite into a high-density helium flow, using a focused pulsed laser. The vaporization laser was the second harmonic of Q-switched Nd:YAG producing pulse

Fig. 1 A football (in the United States, a soccerball) on Texas grass. The C_{60} molecule featured in this letter is suggested to have the truncated icosahedral structure formed by replacing each vertex on the seams of such a ball by a carbon atom.

graphite fused six-membered ring structure. We believe that the distribution in Fig. 3c is fairly representative of the nascent distribution of larger ring fragments. When these hot ring clusters are left in contact with high-density helium, the clusters equilibrate by two- and three-body collisions towards the most stable species, which appears to be a unique cluster containing 60 atoms.

When one thinks in terms of the many fused-ring isomers with unsatisfied valences at the edges that would naturally arise from a graphite fragmentation, this result seems impossible: there is not much to choose between such isomers in terms of stability. If one tries to shift to a tetrahedral diamond structure, the entire surface of the cluster will be covered with unsatisfied valences. Thus a search was made for some other plausible

Gli autori formulavano l'ipotesi che il nuovo cluster avesse la forma di un icosaedro troncato, praticamente un pallone da calcio classico, in cui le facce nere sono i pentagoni e quelle bianche gli esagoni. Ovviamente si tratta di un modello in scala enormemente amplificata: il C_{60} infatti sta a un pallone da calcio come quest'ultimo sta alle dimensioni della Terra!

Il C_{60} è la struttura molecolare più simmetrica che si conosca; fu battezzata buckminsterfullerene, dal nome dell'architetto, e il nome fu poi abbreviato in *fullerene* (la desinenza *-ene* è tipica dei composti che contengono legami di carbonio doppi o tripli, come l'etilene o l'acetilene).

Nel momento in cui l'articolo fu inviato a Nature, però, non c'era ancora alcuna dimostrazione di queste proprietà. Bisogna dare atto a Smalley e compagni di avere osato proporre un'interpretazione, sia pure azzardata, invece di fermarsi alla semplice osservazione dell'esistenza del nuovo aggregato. La stessa rivista Nature fece un atto di fede accettando le ipotesi avanzate dagli autori.

In realtà la struttura proposta non era del tutto nuova. Quindici anni prima un giapponese dedito a studi teorici sulle strutture molecolari, Eiji Osawa della Toyohashi University of Technology, aveva pubblicato su una rivista giapponese un articolo in cui avanzava l'ipotesi che composti di 60 atomi di carbonio con la forma di icosaedro troncato potessero essere stabili. E nel 1973 due teorici russi avevano addirittura calcolato la struttura elettronica di tale composto, pubblicando i loro risultati su una rivista russa di cui esisteva una traduzione in inglese. Smalley e Kroto hanno sempre sostenuto di non essere a conoscenza di questi lavori, il che è assai probabile, dato che erano apparsi su riviste piuttosto oscure.

D'altra parte l'elevata simmetria della struttura fullerenica aveva già attratto l'attenzione di artisti e matematici del passato. Forse essa era già nota ad Archimede, anche se non sono giunti sino a noi suoi disegni in proposito.

La più antica rappresentazione conosciuta è probabilmente un disegno di Piero della Francesca risalente al 1480 e conservato presso la Biblioteca Vaticana, mentre di pochi anni dopo è un disegno lasciatoci da Leonardo. Ma fu Johannes Kepler a usare per primo nel Seicento il nome di *icosaedro troncato* per definirne la forma. E un teorema del matematico settecentesco Leonhard Euler dimostra che una superficie sferica interamente formata da pentagoni ed esagoni deve possedere esattamente 12 pentagoni, come il fullerene.

La scoperta di Smalley, Kroto e collaboratori sarebbe rimasta molto probabilmente una chicca per iniziati, se non fosse stato per un altro balzo in avanti. L'apparato di Smalley infatti produceva quantità minuscole di materiale, tali da consentire ben pochi esperimenti, oltre alla misura della stabilità relativa, e assolutamente inadatte per qualsiasi utilizzo pratico del nuovo materiale. Per non parlare del costo delle strumentazioni, talmente elevato che solo pochissimi laboratori al mondo erano in grado di produrre e studiare il C_{60}. La storia avrebbe avuto ben altri sviluppi se non fosse stato per una scoperta fondamentale arrivata qualche anno più tardi.

Agli inizi del 1990 Wolfgang Krätschmer, il chimico tedesco che abbiamo già incontrato, insieme ai suoi collaboratori Lowell Lamb, Kostas Fostiropoulos e a Donald Huffman dell'Università di Tucson in Arizona, pubblicò sulla rivista Chemical Physics Letters un importante lavoro dal titolo *Spettri di assorbimento infrarossi e ultravioletti di polvere di carbonio prodotta in laboratorio: evidenza della presenza di* C_{60}.

Utilizzando un semplice arco voltaico prodotto da una scarica tra due elettrodi di carbonio, Krätschmer ottenne un sottile strato di materiale in polvere, il cui spettro infrarosso mostrava picchi interpretabili come dovuti alla presenza di C_{60}.

In altre parole, usando una tecnica semplice disponibile in ogni laboratorio e un po' di grafite, era possibile produrre C_{60} in quantità apprezzabili, milligrammi, grammi o anche più. Si trattava di una scoperta importantissima, che permetteva il passaggio da una forma di materia esotica e a disposizione di pochi a una nuova molecola facilmente ottenibile a (relativamente) basso costo.

È piuttosto sorprendente che il C_{60}, che si forma in condizioni non particolarmente complicate, sia rimasto sconosciuto sino alla fine del XX secolo. In effetti già nel 1982 Krätschmer e Huffman avevano osservato strani picchi negli spettri di assorbimento ultravioletto di polvere di carbonio prodotta per simulare il pulviscolo interstellare. Una volta scoperto il C_{60} nella classica fuliggine, e grazie al supporto di calcoli teorici, Krätschmer giunse alla conclusione che il C_{60} era già presente in quegli esperimenti del 1982: semplicemente non era stato identificato. Erano tra l'altro gli stessi esperimenti di cui Krätschmer era venuto a parlare con me a Berlino, alcuni anni prima.

Grazie alla sua nuova tecnica di produzione, Krätschmer riuscì anche nell'impresa di preparare *cristalli* di fullerene, e a dimostrare mediante i raggi X che essi contengono molecole sferiche, proprio come previsto nel lavoro originale di Smalley.

Con la scoperta della nuova tecnica di sintesi prendeva il via una vera e propria corsa verso lo studio delle proprietà, delle caratteristiche e delle applicazioni potenziali dei fullereni.

Il numero di articoli scientifici dedicato a questi sistemi raggiunse e rapidamente superò il migliaio all'anno, tanto che alla fine del 2000 erano note in letteratura oltre 10 000 diverse forme di fullerene, ottenute non solo grazie all'isolamento di strutture simili e con numero di atomi di carbonio diverso da 60, ma anche grazie a varie modificazioni per via chimica della struttura originale.

Nanotubi e nanofili

La scoperta di Smalley e Kroto con il loro collega Robert Curl, seguita da quella di Krätschmer e Huffman, è stata il punto di partenza per una nuova era nel campo delle nanotecnologie e ha portato rapidamente a identificare una nuova classe di oggetti di dimensioni nanometriche.

Negli anni Settanta il ricercatore giapponese Sumio Iijima si era occupato di microscopia elettronica, e in particolare della struttura di varie forme di carbonio. Nel 1980 aveva scritto in uno dei suoi lavori di aver osservato «grafite sferica»: aveva fotografato strutture di carbonio a cerchi concentrici, a cipolla, in aggiunta alla tradizionale forma planare della grafite. Venuto a conoscenza della scoperta del C_{60} da parte di Smalley, Iijima capì che ciò che aveva osservato alcuni anni prima doveva essere una forma particolare di fullerene.

Nei laboratori di ricerca della NEC, dove lavorava, decise di provare a ricreare le condizioni per produrre fullereni. La sua attenzione però fu attratta dal fatto che in particolari condizioni il carbonio formava, oltre a particelle sferiche, qualcosa di simile ad aghi sottilissimi, mai notati prima. Inizialmente Iijma chiamò questi filamenti *micro-tubuli*, perché gli ricordavano i microscopici tubi proteici presenti negli organismi viventi. Fu l'allora direttore della ricerca e sviluppo della NEC a suggerire a Iijima di trovare un nome più accattivante e originale. Scartata una serie di ipotesi tra cui «tubi di Iijma», «tubi della NEC» e altre simili facezie, la scelta cadde su *nanotubi di carbonio*, il nome usato ancora oggi per designare questi oggetti.

Cosa sono dunque i nanotubi? Se si prende un singolo foglio di grafite e lo si avvolge su se stesso, come potremmo fare con un foglio di carta, si ottiene un nanotubo. Di solito i nanotubi sono chiusi alle estremità da una calotta semisferica: sono perciò contenitori cilindrici simili a minuscole fialette. I nanotubi scoperti da Iijima nel 1991 contenevano vari strati concentrici di atomi di carbonio gli uni dentro gli altri, avevano un diametro di circa 1 nm ed erano lunghi parecchi nanometri. Più tardi sono stati ottenuti nanotubi con una singola parete, vuoti all'interno e adatti quindi a funzionare come «serbatoi molecolari».

Grazie alla loro elevatissima conducibilità elettrica, i nanotubi di carbonio sono oggi considerati uno dei materiali nanodimensionati più promettenti: infatti sono conduttori mille volte migliori di un metallo tradizionale come il rame (possono condurre un miliardo di ampere per centimetro quadrato) e dissipano pochissima energia sotto forma di calore. In teoria un cavo realizzato con nanotubi potrebbe perciò trasportare corrente elettrica a grandi distanze con enormi risparmi.

Inoltre i nanotubi sono estremamente resistenti alla trazione (da 50 a 100 volte più dell'acciaio, pur pesando soltanto un sesto) e non si decompongono sino a temperature dell'ordine di 2000 °C purché non ci sia ossigeno nell'atmosfera circostante (nel qual caso bruciano come ogni altra forma di carbonio, compreso il diamante).

Oggi i nanotubi cominciano a essere usati in articoli sportivi per alte prestazioni, dalle racchette da tennis ai manubri per mountain bike, dai telai per biciclette da corsa alle aste delle mazze da golf. Grazie alla loro struttura leggera e rigida, se aggiunti alla colla epossidica i nanotubi ne aumentano del 30% la resistenza meccanica. Una decina di aziende nel mondo oggi produce e commercializza nanotubi di carbonio per l'uso in biosensori, nei cosiddetti catodi «freddi» per i dispositivi a raggi X e come fibre da utilizzare insieme a polimeri elettroattivi, la cui forma si modifica applicando una piccola differenza di potenziale. Per la loro similitudine con i tessuti biologici in termini di resistenza e deformazione, questi sistemi sono anche chiamati «muscoli artificiali» e trovano applicazione nel campo della robotica.

Nel campo dell'elettronica e dell'energetica si studia l'uso dei nanotubi per la produzione di transistor di nuova generazione, di schermi piatti per computer e televisioni, di sensori o punte per i microscopi a forza atomica, di cui riparleremo.

Nelle celle a combustibile, usate per produrre energia elettrica mediante combinazione di idrogeno e ossigeno a dare acqua, i nanotubi di carbonio possono fungere da elettrodi e al tempo stesso da supporto per catalizzatori formati da piccolissime particelle di platino: in questo modo si può immagazzinare circa dieci volte più energia rispetto alle batterie al litio tradizionali.

Le possibili applicazioni dei nanotubi sono limitate soltanto dalla nostra fantasia. Recentemente per esempio un gruppo della Michigan State University ha proposto di realizzare nanotubi ricurvi a una estremità, come il manico di un ombrello, capaci di agganciarsi tra loro resistendo così alla trazione.

Il funzionamento sarebbe simile a quello del velcro, dove un uncino di materiale polimerico aggancia un filo ritorto ad anello sull'altro lato del tessuto da chiudere: i ganci sono così numerosi da impedire che i due lembi si aprano, a meno che si applichi con uno strappo una forza elevata. I nanotubi di carbonio potrebbero quindi aprire la strada a un velcro su scala molecolare, che con un numero astronomico di ganci (dell'ordine del numero di Avogadro) farebbe aderire gli oggetti in modo fortissimo. L'adesione potrebbe poi essere ridotta o eliminata semplicemente giocando sulla temperatura per far raddrizzare i nanoganci.

Fantasia? Forse, ma intanto si va avanti e la ricerca attuale mira alla messa a punto di tecniche controllate per preparare fullereni e nanotubi, riducendone i costi e migliorandone le applicazioni.

Già oggi per circa 100 dollari potete acquistare tramite Internet un grammo di nanotubi, ammesso che sappiate cosa farne. Riceverete a casa un plico con una bustina sigillata piena di una sostanza fuliginosa, insieme a un libretto di istruzioni. Tra le raccomandazioni troverete quella di usare guanti e maschera, per evitare che le nanoparticelle tocchino la pelle o siano inalate.

Una scoperta casuale o «cercata»?

A parte ogni aspetto pratico e le varie ricadute tecnologiche, resta il fatto che la scoperta del fullerene non solo ha aperto strade nuove ancora largamente inesplorate, ma ha fatto conoscere una nuova forma di aggregazione del carbonio, l'elemento fondamentale della vita, tanto da portare gli scopritori Smalley, Kroto e Curl al premio Nobel.

Su come si sia giunti a questa scoperta esistono però versioni diverse. Kroto, che si trovava a visitare il gruppo di Smalley in modo occasionale, ha sempre accreditato l'idea della *serendipity*, ossia di una scoperta casuale e fortunata: il suo intento era riprodurre le condizioni in cui si formano aggregati di carbonio nelle stelle fredde, non cercare un particolare tipo di cluster.

Nella sua conferenza in occasione della consegna del premio Nobel del 7 dicembre 1996, Smalley ebbe invece particolare cura di far notare come le cose stessero in modo diverso:

> Contrariamente alla maggior parte dei resoconti, non credo che la scoperta dei fullereni abbia molto a che vedere con questioni di astrofisica come la formazione di molecole di carbonio nello spazio interstellare.
> Mentre non c'è dubbio che questo tema sia stato portato da Harry Kroto nel nostro laboratorio e che questa sia la motivazione per cui noi abbiamo introdotto carbonio nel nostro strumento, la connessione tra questa linea di ricerca e la scoperta del fullerene fu causale e non casuale.
> La scoperta del C_{60} e dei fullereni sarebbe stata fatta col nostro o con simili strumenti entro uno o al massimo due anni. [...]
> L'idea che la scoperta dei fullereni discenda dalla ricerca sulla natura di certe molecole nello spazio è assai attraente per molti scienziati. [...]
> In realtà i fullereni sono stati scoperti come risultato di dieci anni di ricerca e sviluppo di metodi per studiare prima atomi, poi molecole poliatomiche e infine aggregati di dimensioni nanometriche.

Rich Smalley è morto il 28 ottobre 2005 dopo dieci anni di lotta contro un linfoma non Hodgkin, ma le sue parole restano vive. È lui il pioniere che grazie alla messa a punto di una tecnica radicalmente innovativa ha permesso di affrontare lo studio della materia in condizioni di aggregazione particolarissime come sono i *cluster*.

La scoperta del C_{60} è solo la punta di un iceberg che nasconde una grande mole di risultati e conoscenze determinanti anche se meno appariscenti. È soprattutto grazie a lui e a persone come lui che oggi tanto si parla di nanotecnologie.

CAPITOLO 4

Vedere per credere

È lecito parlare di «un certo» atomo di carbonio? Per il chimico esiste qualche dubbio, perché non si conoscono fino ad oggi (1970) tecniche che consentano di vedere, o comunque isolare, un singolo atomo; nessun dubbio esiste per il narratore, il quale pertanto si dispone a narrare.

Primo Levi, «Carbonio»,
in *Il sistema periodico*

Il pomeriggio del 16 marzo 1981 Gerd Binnig e Heinrich Rohrer erano nel loro laboratorio presso il centro di ricerche IBM di Rüshlickon, a Zurigo, impegnati a tentare di risolvere una serie di problemi tecnici nella messa a punto di una complessa e delicata apparecchiatura. Se fosse riuscito, l'esperimento avrebbe consentito per la prima volta nella storia di «vedere» gli atomi.

Dopo mesi di lavoro erano riusciti a eliminare dall'apparato ogni vibrazione, comprese quelle determinate dal rumore di fondo. Ma i tentativi di lavorare a bassissime temperature e in condizioni di vuoto ultraspinto si erano rivelati infruttuosi.

Binnig e Rohrer avevano perciò deciso di utilizzare come camera da vuoto un essiccatore, uno strumento di uso comune nei laboratori, servendosi di una grande quantità di nastro isolante per garantirne la tenuta.

Tra l'altro usavano un dispositivo a superconduttore che richiedeva circa 20 litri di elio liquido ogni ora per mantenere la temperatura bassissima, vicino a 4 K, e ciò rendeva l'esperimento molto costoso. Ma l'obiettivo sembrava sempre più vicino e ciò moltiplicava le energie dei due ricercatori.

Finalmente, ormai a notte fonda, con il fiato sospeso per l'eccitazione ma soprattutto per evitare di trasmettere anche la più piccola vibrazione allo strumento, i due osservarono per la prima volta una debole corrente di elettroni tra la sonda, un'affilatissima punta metallica, e un campione, l'oggetto da analizzare. Non si trattava di una normale corrente elettrica ma di un flusso di elettroni attraverso il vuoto, ottenuto sfruttando il particolare fenomeno fisico noto come *effetto tunnel*.

Era un evento mai accaduto in precedenza, il passo fondamentale per la messa a punto di un tipo di «microscopio» del tutto nuovo, basato su un fenomeno assolutamente sorprendente per chi non ha familiarità con gli strani effetti del mondo quantistico. Quella notte nasceva lo *scanning tunneling microscope*, o microscopio a scansione a effetto tunnel, in sigla STM.

Ventisette mesi prima, dopo lunghe discussioni e analisi teoriche, Binnig e Rohrer avevano deciso di cimentarsi in questa difficile impresa, senza peraltro avere alcuna garanzia di successo. L'idea era quella di sfruttare l'effetto tunnel per ottenere immagini ad alta definizione di superfici e, con un po' di fortuna, anche di singole molecole o atomi depositati su di esse.

L'«effetto tunnel»

Nella nostra esperienza quotidiana un oggetto, una volta messo in un recipiente, non può uscirne a meno di scavalcare la barriera costituita dalle pareti del contenitore: una biglia posta in un bicchiere, per esempio, resta lì dentro finché non le imprimiamo un impulso tale da farla «saltare» oltre il bordo.

Se un elettrone si comportasse come una particella classica, una volta messo in un «recipiente» (la «buca di potenziale» elettrostatica prodotta dall'atomo o dalla molecola a cui appartiene) dovrebbe restarvi confinato per sempre. Il suo stato potrebbe essere modificato soltanto da un assorbimento di energia tale da fargli «risalire» la china della barriera di potenziale.

In realtà però, come abbiamo già visto, gli elettroni possono mostrare un comportamento ondulatorio, oltre che corpuscolare. La funzione matematica che descrive il comportamento dell'elettrone, cioè la sua *funzione d'onda*, prevede che anche se imprigionato in un «contenitore» esso abbia una probabilità non nulla di attraversare le pareti del recipiente e sfuggire all'esterno. È un po' come se l'elettrone potesse scavare un tunnel nella barriera di potenziale, attraversandola senza scavalcarla (figura 4).

Tutto ciò ci appare incomprensibile perché è contrario alla nostra esperienza: se mettiamo una camicia nel cassetto, non ci passa nemmeno per l'anticamera del cervello che essa possa uscirne e trovarsi sparpagliata nel resto della stanza. I fisici però hanno preso atto del fatto che le cose nel mondo atomico stanno proprio come previsto dalla meccanica quantistica;

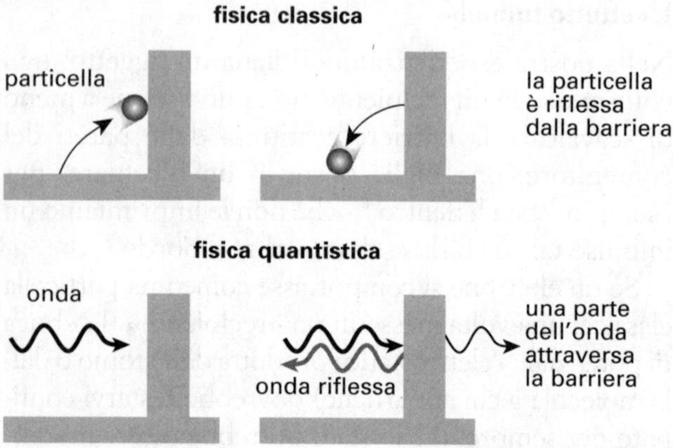

Figura 4. Una rappresentazione schematica dell'effetto tunnel. Secondo la fisica classica una particella è sempre riflessa da una barriera, se non ha energia sufficiente per superarla. Secondo la fisica quantistica, invece, in certe condizioni l'onda associata alla particella non è riflessa interamente: una parte dell'onda può attraversare la barriera.

perché allora non sfruttare questo effetto per «vedere» gli atomi?

In pratica si tratta di avvicinare una punta affilatissima, una specie di ago atomico, a una frazione di nanometro dall'oggetto da osservare e applicare una piccola differenza di potenziale per indurre il passaggio di elettroni dalla punta verso il campione, o viceversa. Gli elettroni attraversano il vuoto tra la sonda e la superficie da osservare, grazie all'effetto tunnel, e generano una corrente la cui intensità dipende dalla distanza tra la punta e la superficie (figura 5).

In questo modo si può ottenere un'informazione

diretta sulla forma della superficie, sui suoi avvallamenti, sulle sue asperità e, con un po' di fortuna, addirittura sulle protuberanze costituite da singoli atomi o molecole.

L'idea di Binnig e Rohrer riprendeva ed estendeva quella di un altro microscopio di nuova concezione sviluppato qualche anno prima, il microscopio *a emissione di campo*, in cui gli elettroni fluiscono tra sonda e superficie a causa di un intenso campo elettrico applicato dall'esterno. In questo strumento, che è un po' il padre dell'STM, la punta è tenuta piuttosto lontana dalla superficie del campione, con il risultato che la risoluzione delle immagini è simile a quel-

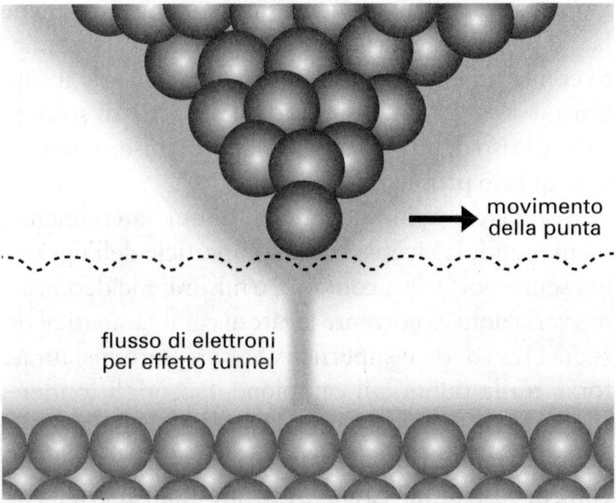

Figura 5. Il principio di funzionamento del microscopio a scansione a effetto tunnel (STM).

la di un microscopio ottico tradizionale. Lo sfruttamento dell'effetto tunnel invece consente di avvicinare la sonda a brevissima distanza dalla superficie e di effettuare una scansione laterale: così, misurando le variazioni della corrente di tunnel, si può ottenere un'immagine topografica su scala atomica.

Binnig e Rohrer avanzarono una prima richiesta di brevetto per il loro sistema già nel 1979, prima ancora di sapere se la messa a punto dello strumento sarebbe stata davvero possibile: un chiaro segno della loro forte convinzione di potercela fare.

Seguirono due anni di intenso lavoro. Uno dei problemi principali era quello di isolare completamente il sistema dalle vibrazioni. Come si può immaginare, se una punta è vicinissima a un oggetto anche la più piccola oscillazione rischia di portarla a contatto con la superficie sottostante, danneggiando il supporto e distruggendo la sonda. Una serie di sospensioni e l'uso di una camera a vuoto permisero di risolvere questo problema.

Bisognava poi muovere la punta lateralmente, mantenendola vicinissima alla superficie dell'oggetto ma senza portarla a contatto, e misurare le debolissime variazioni di corrente legate ai cambiamenti di distanza tra sonda e superficie. Se si fossero instaurate forze tra la punta e il campione, facendoli fondere, ciò avrebbe vanificato tutto. E quale forma avrebbe dovuto avere la punta? Qual era il materiale migliore con cui costruirla? Erano tutte questioni aperte.

All'entusiasmo della notte del 16 marzo 1981 seguì una fase di verifiche. Per prima cosa i due ricercatori decisero di affrontare un problema classico nello studio delle superfici, la cosiddetta «ricostruzione 7 × 7 della superficie (111) del silicio». In parole povere si trattava di verificare come fossero realmente disposti gli atomi negli strati superiori di una particolare faccia cristallografica di un cristallo di silicio. L'STM funzionò bene e permise di identificare la struttura della superficie con una risoluzione di 0,5 nm, non molto superiore alla distanza tra due atomi.

Binnig e Rohrer passarono poi a una particolare superficie d'oro, e qui vennero alle prese per la prima volta con un fenomeno che si rivelò poi determinante per altre applicazioni. Nell'avvicinare la sonda dell'STM alla superficie a temperatura ambiente, alcuni atomi d'oro si staccavano dalla superficie per attaccarsi alla punta, vanificando così la possibilità di ottenere immagini su scala atomica. Tuttavia ciò dimostrava, sia pure in modo ancora non controllato, come fosse concettualmente possibile usare questo nuovo strumento per «pescare» gli atomi uno a uno e ricollocarli altrove. L'idea ambiziosa e un po' fantascientifica di una macchina di Feynman incominciava a diventare realtà.

Nell'autunno del 1982 Binnig e Rohrer ottennero le prime immagini della struttura dell'oro con risoluzione atomica: «vedere» gli atomi non era più una speranza, era diventata una realtà concreta.

Vedere l'invisibile

Con la scoperta del microscopio a scansione a effetto tunnel si realizzava un sogno durato a lungo, un inseguimento che mirava a esplorare i misteri degli oggetti infinitesimi, mondi all'interno di altri mondi che sfuggono al nostro occhio.

Intorno al 1590 due costruttori olandesi di occhiali, Zacharias Jansen e suo figlio Hans, sperimentando l'effetto di più lenti montate in un tubo, scoprirono che gli oggetti apparivano notevolmente ingranditi: avevano prodotto un precursore del primo microscopio composto e del telescopio. Nel 1609 Galileo ne sentì parlare, studiò i principi fisici dell'ottica e costruì uno strumento di maggiore precisione e qualità, dotato di un importante dispositivo per focalizzare l'immagine.

Fu poi l'accademico linceo Giovanni Faber, medico papale, a battezzare nel 1625 lo strumento detto «occhialino di Galilei» con il nome di microscopio: «Et perché io fo anche mentione di questo nuovo occhiale di vedere le cose minime, et lo chiamo microscopio».

Il vero padre della microscopia ottica moderna è però l'olandese Anton Van Leeuwenhoek, che a metà Seicento lavorava come apprendista in un deposito di stoffe, dove si usavano lenti di ingrandimento per contare i fili nella trama dei tessuti.

Dotato di notevoli abilità artigiane, Van Leeuwenhoek riuscì a molare lenti molto piccole e curve e a costruire così strumenti in grado di ingrandire sino a 270 volte, fornendo immagini del tutto sorprendenti all'epoca. Con questo potente mezzo iniziò studi di biologia che lo resero famoso: fu il primo a vedere e descrivere i batteri, il lievito, le forme di vita presenti nell'acqua, la presenza e la circolazione di corpuscoli nel sangue.

Nel corso della sua lunga vita Van Leeuwenhoek si servì dei suoi microscopi (pare ne abbia costruiti più di cinquecento) per effettuare studi pionieristici su una varietà straordinaria di microrganismi, pubblicando le sue osservazioni in più di cento lettere alla Royal Society of England e all'Académie Française. Il microscopio di Van Leeuwenhoek fu perfezionato dal britannico Robert Hooke, che confermò l'esistenza di organismi viventi molto piccoli.

Da allora ai giorni nostri il microscopio ottico, pur notevolmente evoluto rispetto ai primi modelli, è rimasto sostanzialmente immutato dal punto di vista concettuale, arrivando fino a 1250 ingrandimenti con luce bianca normale e a circa 5000 ingrandimenti con luce blu.

Un microscopio ottico, anche se dotato di obiettivi perfetti e con un'illuminazione ideale, non consente però di distinguere oggetti più piccoli della metà della lunghezza d'onda della luce utilizzata. Si tratta di un limite fisico invalicabile, che impedisce ogni ulteriore progresso con questa tecnica. La normale luce visibile, o luce bianca, ha una lunghezza d'onda compresa tra 400 e 700 nanometri: 200 nanometri rappresentano perciò il limite teorico al potere risolutivo del microscopio ottico (in pratica ci si ferma a risoluzioni decisamente inferiori). Oggetti o forme molecolari di dimensioni inferiori a 200 nm non saranno visibili e, nel migliore dei casi, daranno luogo a una zona sfocata nell'immagine.

La soluzione teorica al problema sta nell'usare radiazioni di lunghezza d'onda più corta, come la radiazione ultravioletta o i raggi X. Sono stati realizzati microscopi a luce ultravioletta, che però necessitano di una macchina fotografica come rivelatore, dato che l'occhio umano non registra tale radiazione. Gli strumenti più moderni basati sui raggi ultravioletti estremi hanno consentito di osservare oggetti di circa 40 nm.

I microscopi a raggi X usano radiazione di lunghezza d'onda λ molto inferiore a quella dei raggi ultravioletti, sino a circa 1 nm. Man mano che si riduce λ, però, aumenta la frequenza ν della radiazione incidente e quindi la sua energia, secondo la relazione quantistica $E = h\nu$. Ciò dà luogo a una serie di problemi, primo fra tutti il fatto che molti materiali sono trasparenti ai raggi X e risultano invisibili (come i tessuti molli del nostro corpo nelle radiografie). Dagli spettacolari successi di Van Leeuwenhoek ai giorni nostri, insomma, si è fatta molta strada con la microscopia ottica, ma la materia a livello atomico e molecolare ha continuato a sfuggire ai tentativi di osservazione degli scienziati.

Usare gli elettroni

Il problema della risoluzione è stato un forte limite allo sviluppo di molte discipline scientifiche. La soluzione è arrivata inaspettatamente da una scoperta rivoluzionaria nel campo della fisica di cui abbiamo già parlato, l'ipotesi di de Broglie secondo cui le particelle di materia sono «guidate» da un moto ondulatorio che si propaga nello spazio. Agli inizi del secolo la fisica mondiale era stata sconvolta nell'apprendere che nel mondo atomico l'energia si trasmette per quantità ben definite, i quanti. Il celebre lavoro di Einstein del 1905 sull'effetto fotoelettrico aveva dimostrato in modo inoppugnabile che anche un fascio di luce trasporta la propria energia in «pacchetti», i *fotoni*, particelle di pura energia ma senza massa.

Nel 1924 Louis de Broglie aveva proposto il principio generale secondo cui fotoni, elettroni e tutte le particelle in genere hanno in comune la caratteristica di manifestarsi a volte come corpuscoli e a volte come onde. L'ipotesi si prestava a un'immediata verifica: infatti se un fascio di elettroni ha natura ondulatoria, esso dovrà dar luogo ai fenomeni di diffrazione tipici delle onde luminose. Gli esperimenti ebbero esito positivo e confermarono in modo clamoroso la natura ondulatoria della materia a livello atomico.

Negli stessi anni in cui de Broglie, Schrödinger e altri fisici europei gettavano le basi della meccanica quantistica, in modo del tutto indipendente due ingegneri tedeschi, Max Knoll ed Ernst Ruska, stavano lavorando alla messa a punto di uno strumento in cui al posto della luce si usavano fasci di elettroni lanciati contro l'oggetto da osservare. La loro idea era semplice: gli elettroni, date le loro piccolissime dimensioni, avrebbero potuto fornire immagini a risoluzione maggiore rispetto a quelle ottenute con la luce normale.

Nell'aprile del 1931 i due riuscirono per la prima volta a ottenere immagini ingrandite di oggetti. L'ingrandimento però era estremamente modesto, appena una decina di volte, tanto che Knoll e Ruska evitarono di usare il termine «microscopio elettronico» nelle prime conferenze in cui illustrarono i loro risultati. Come raccontò in seguito Ruska nella sua conferenza in occasione della consegna del premio Nobel:

> Come ingegneri non eravamo a conoscenza dell'ipotesi delle onde di materia formulata dal fisico francese de Broglie, nonostante fosse stata proposta qualche anno prima (1925).
> Anche i fisici erano riluttanti ad accettare questa tesi.
> Quando ne sentii parlare per la prima volta, nell'estate del 1931, fui molto deluso dall'apprendere che anche il microscopio elettronico avrebbe avuto problemi di risoluzione legati a una lunghezza d'onda, sia pure quella dell'elettrone.
> Ma fui enormemente sollevato quando, con l'aiuto dell'equazione di de Broglie, mi resi conto che queste onde dovevano avere lunghezze d'onda circa cinque ordini di grandezza più corta di quella della luce bianca.
> Quindi per nostra fortuna non c'era ragione di abbandonare l'obiettivo del microscopio elettronico, cioè superare la risoluzione del microscopio ottico.

La scoperta di de Broglie forniva dunque le basi teoriche per una nuova importante applicazione: vedere finalmente gli atomi. Come spesso accade, tra la costruzione del primo apparato sperimentale che dimostrava la fattibilità del processo e il raggiungimento dell'obiettivo finale, cioè ottenere immagini con risoluzione dell'ordine del nanometro, c'era molta strada da fare. Inoltre quelli erano anni difficili in Germania: una profonda crisi economica limitava la possibilità di reperire i finanziamenti per procedere speditamente nel miglioramento tecnologico e nella soluzione dei problemi che affliggevano il nuovo strumento.

Ruska ottenne una borsa di studio grazie ai buoni uffici del grande fisico tedesco Max von Laue, il padre della moderna tecnica per determinare la struttura delle sostanze cristalline mediante diffrazione dei raggi X. La borsa era di 100 marchi al mese, una cifra modesta ma sufficiente per consentire a Ruska di mettere a punto un secondo modello più avanzato di microscopio elettronico nel novembre del 1933. Avendo concluso il lavoro con un mese di anticipo sulla scadenza della borsa, Ruska restituì lo stipendio di dicembre. Con suo grande piacere però gli fu concesso di tenerlo, sia pure in via del tutto eccezionale.

Come notò Ruska in seguito, «si trattò certamente del più economico microscopio elettronico mai pagato da un'organizzazione scientifica»; tanto per dare un'idea, oggi un microscopio elettronico costa circa un milione di euro. Soltanto alcuni anni dopo, nel 1939, la Siemens iniziò a produrre i primi esemplari commerciali. Problemi particolari erano legati alla preparazione del campione, soprattutto considerando che l'applicazione più promettente era in medicina e in biologia, mentre il flusso di elettroni porta irrimediabilmente al danneggiamento o alla distruzione del materiale biologico. Nei primi anni Quaranta furono effettivamente ottenute immagini di batteri e di virus con dimensioni inferiori al micrometro.

Lo sviluppo del microscopio elettronico portò a due diverse versioni: *a trasmissione* (TEM, da *transmission electron microscope*, messo a punto nel 1940), in cui il fascio di elettroni attraversa sottilissime sezioni del materiale mostrandone la struttura interna; e *a scansione* (SEM, *scanning electron microscope*, sviluppato nel 1953), dove si visualizza la superficie di un oggetto grazie alla riflessione di elettroni da parte del campione. Questi strumenti hanno rivoluzionato gli studi in medicina e biologia, consentendo di osservare microrganismi invisibili con altri mezzi.

Ma soltanto in anni recentissimi il miglioramento dei processi di focalizzazione del fascio di elettroni mediante campi elettrici e magnetici ha portato a «vedere» giù sino agli atomi. Nel 2004 Steven Peneycook, ricercatore dell'Oak Ridge National Laboratory, ha stabilito il record di risoluzione giungendo a soli 0,06 nm, cioè al di sotto delle dimensioni atomiche, grazie alla tecnologia della *correzione dell'aberrazione* che permette di focalizzare, mediante un computer, 50 lenti simultaneamente.

Si è dovuta dunque attendere la fine del XX secolo per poter confermare in modo diretto l'esistenza degli atomi, fino ad allora comprovata soltanto da evidenze sperimentali indirette. Strumenti raffinatissimi come l'STM o il microscopio elettronico hanno consentito di ottenere immagini del mondo atomico, coronando così il viaggio iniziato dal valente artigiano Van Leeuwenhoek.

L'importanza dell'invenzione dell'STM fu subito chiara, e già due o tre anni dopo l'ottenimento delle prime immagini l'Accademia svedese iniziò a considerare l'ipotesi di insignire Binnig e Rohrer del massimo premio scientifico al mondo, il Nobel. A quel punto però ci si rese conto che l'altrettanto importante scoperta del microscopio elettronico, ormai consolidata e in uso in centinaia di centri di ricerca di tutto il mondo, non era mai stata premiata.

Dare il Nobel a Binnig e Rohrer senza considerare Ruska avrebbe significato ignorare una scoperta fondamentale per lo sviluppo di cinquant'anni di scienza moderna e commettere una palese ingiustizia. Perciò la premiazione nel dicembre 1986 vide, accanto al giovane Binnig e al maturo Rohrer, anche l'anziano Ernst Ruska, oramai ottantenne, rievocare i tempi gloriosi e avventurosi della sua scoperta.

A pesca di atomi

Ma se il destino ha voluto che con l'STM e il microscopio elettronico si raggiungesse, più o meno negli stessi anni, l'obiettivo lungamente inseguito di vedere gli atomi, c'è una differenza fondamentale che rende l'STM più interessante e promettente per il campo delle nanotecnologie.

Vedere come è fatta la materia a livello atomico permette infatti di conoscerne in dettaglio la struttura e capirne meglio le funzioni, ma non di modificarla. È un po' come il termometro per un malato: ci dice lo stato generale del paziente, ma non lo cura. Invece la potenzialità dell'STM è quella di manipolare gli atomi, catturarli con la sottilissima sonda e magari spostarli a nostro piacere su un supporto o una superficie. Un modo ben strano di fare della chimica, pescando gli atomi uno alla volta e mettendoli dove vogliamo noi.

Questo modo di procedere ebbe un impulso straordinario alla fine degli anni Ottanta grazie a un esperimento messo a punto da un altro ricercatore dell'IBM, Don Eigler, nel centro di ricerca di Almaden in California.

Eigler aveva costruito un STM che funzionava in vuoto ultraspinto, ossia in condizioni simili a quelle dello spazio interstellare, dove la materia è quasi completamente assente, e a una temperatura di 4 K, talmente bassa che persino l'elio da gas diventa liquido. A questa temperatura la materia tende a diventare immobile: anche il moto di vibrazione degli atomi quasi si ferma. Eigler depositò atomi di xeno, un gas inerte con grande massa atomica, su una superficie pulita e piatta di nichel. Con la punta dell'STM prelevò gli atomi uno a uno e li allineò fino a formare la scritta IBM. Grazie alla temperatura bassissima, i 35 atomi usati come punti di inchiostro non sfuggirono dalle posizioni in cui erano stati collocati (figura 6).

Figura 6. Il «nano-logo» realizzato nel 1990 da Don Eigler depositando con il microscopio STM singoli atomi di xeno su una superficie di nichel.
Foto per gentile concessione della International Business Machines Corporation, copyright © IBM Corporation.

L'esperimento, pubblicato nel 1990 sulla rivista Nature, mostrava la fattibilità pratica della manipolazione atomica e faceva di Eigler un «eroe» aziendale dell'IBM, che in quegli anni attraversava una profonda crisi.

Il logo IBM scritto con gli atomi di xeno ha fatto il giro del mondo ed è tra le immagini più rappresentate delle nanotecnologie: una promozione di immagine più efficace di qualsiasi campagna pubblicitaria. Tra l'altro la densità di scrittura era tale da poter condensare su una capocchia di spillo, almeno in teoria, non una ma addirittura 3000 copie dell'*Enciclopedia Britannica*, andando ben oltre la famosa richiesta di Feynman.

Eigler però non si fermò qui e qualche anno dopo effettuò un altro esperimento destinato a entrare negli annali delle nanotecnologie. Nel 1993 usò il suo STM per disporre 48 atomi di ferro su una superficie di rame a formare una circonferenza con diametro di 14 nm. Gli atomi costituivano di fatto un recinto circolare, quello che i cowboy dei film western chiamano *corral*.

Con sorpresa Eigler osservò che all'interno del «recinto» la superficie del rame mostrava una serie di onde concentriche: queste sono dovute agli elettroni del metallo che si comportano come previsto dalle leggi della meccanica quantistica, formando onde stazionarie in corrispondenza degli stati quantici dovuti al confinamento nel recinto.

La bellissima immagine in falsi colori del *quantum corral*, con la superficie corrugata del rame e i coni arancione che rappresentano gli atomi di ferro è divenuta, ancor più del logo IBM scritto con lo xeno, una delle icone della scienza contemporanea.

Gli esperimenti di Eigler dimostravano in modo estremamente efficace la possibilità di manipolare gli atomi a proprio piacere, e aiutarono ad affermare l'idea che le nanotecnologie da fantasia stavano diventano realtà. Va detto però che dal punto di vista pratico si trattava di esperimenti poco promettenti: erano casi isolati di ingegneria su scala nanometrica, ottenuti con uno strumento sofisticato e in condizioni molto lontane da quelle di interesse pratico.

Ad avvicinare l'obiettivo di manipolare la materia contribuì invece, in quegli stessi anni, un altro strumento apparentemente simile all'STM ma concettualmente assai diverso. Perché un STM funzioni è indispensabile che la punta e il campione siano entrambi conduttori di elettricità: l'uso dell'STM dunque non è universale, perché esclude tutta una serie di materiali e sostanze interessanti che sono però intrinsecamente isolanti.

Un sistema Braille atomico

Proprio per ovviare a questo problema, nel 1986, lo stesso anno in cui riceveva il Nobel per l'invenzione dell'STM, Gerd Binnig metteva a punto uno strumento basato su un principio fisico completamente diverso. Questo nuovo microscopio, il cui uso è cresciuto in modo rapidissimo negli ultimi anni, è noto come AFM o *atomic force microscope*.

Binnig racconta che un giorno era sdraiato sul sofà di casa e osservava il soffitto a stucco, quando notò che le protuberanze della decorazione ricordavano gli atomi di una superficie. Ciò gli fece pensare che forse si sarebbe potuto progettare un sistema per visualizzare direttamente ogni protuberanza, senza l'uso di elettroni e di effetto tunnel.

L'idea dell'AFM è quella di leggere le asperità e le corrugazioni della superficie un po' come fanno i ciechi con il sistema Braille, che registrano con i polpastrelli le sporgenze corrispondenti alle lettere dell'alfabeto. Nell'AFM il dito è costituito da una punta sottilissima, che come nell'STM viene fatta scorrere sulla superficie da analizzare. Ma le analogie si fermano qui, perché nell'AFM la punta non registra correnti elettriche, bensì le debolissime forze di attrazione che si sviluppano quando gli atomi sono vicinissimi gli uni agli altri. L'intensità di queste forze dipende dalla distanza tra gli atomi, e riuscire a misurarle significa riuscire a monitorare la forma superficiale del campione.

La cosa è più facile a dirsi che a farsi perché si tratta di forze davvero minuscole, con un'intensità normalmente inferiore a un nano-newton (10^{-9} N). Tanto per dare un'idea, 1 N equivale al peso di una massa di circa 100 grammi; stiamo dunque parlando di forze dell'ordine di un miliardesimo del peso di una mela.

Binnig costruì meticolosamente il primo AFM nell'autunno del 1985. Con l'aiuto di Christoph Gerber incollò una microscopica scheggia di diamante, la sonda, sull'estremità di una sottilissima lamina d'oro. La punta di diamante, avvicinandosi alla superficie da osservare, registrava un'interazione con gli atomi della superficie che variava a seconda della loro disposizione. Sotto l'effetto di questa forza, la lamina d'oro si piegava in su o in giù come un trampolino.

Misurando le oscillazioni della lamina a sbalzo (in inglese *cantilever*), Binnig e Gerber ottennero un'immagine topografica della superficie di un materiale isolante, delineando strutture con dimensioni sino a 30 nm. Oggi si usano tecniche note come AFM *a contatto* o *non-a-contatto*, a seconda che la sonda tocchi o meno la superficie da analizzare.

Le conseguenze della messa a punto dell'AFM sono sorprendenti quanto quelle dell'STM, forse anche di più. Lo si può scoprire alla Northwestern University di Chicago, dove Chad Mirkin mostra ai visitatori del laboratorio che cosa si può fare con questo strumento. Apparentemente Mirkin batte sulla normale tastiera di un computer, che però è collegato a un microscopio a forza atomica posto sulla stessa scrivania. Questo strumento, modificato da Mirkin e dai suoi collaboratori, sta per effettuare qualcosa che sino a qualche anno fa era semplicemente impensabile.

All'interno dell'AFM, invisibile a occhio nudo, la punta di minuscole sonde viene intinta in un «calamaio» di molecole organiche, ossia contenenti principalmente atomi di carbonio. I microscopici e acuminati pennini scrivono le parole che Mirkin digita al computer, componendo il testo con lettere grandi qualche centinaio di nm. Come da un pennino di stilografica fuoriesce l'inchiostro che lascia la traccia sul foglio di carta, così dalle sonde dell'AFM scorre un flusso di molecole organiche trasportate da una microgoccia d'acqua che si forma sulla punta. Le molecole si legano ordinatamente alla «lavagna», una superficie dorata, seguendo il percorso della punta.

Di recente, usando numerosissime punte che lavorano in parallelo, si sono addirittura fatte 55 000 copie di una stessa figura in un minuto!

Con la *nanolitografia a intinzione* si è riusciti a scrivere una parte del famoso discorso di Feynman su una superficie di pochi micrometri di lato (figura 7).

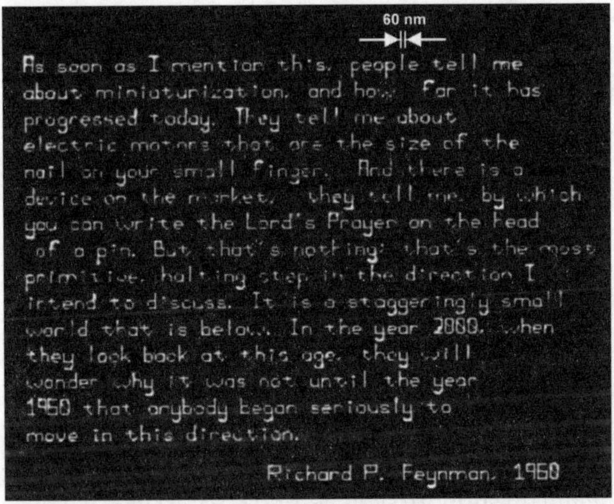

Figura 7. Un brano dello storico discorso di Feynman scritto con la tecnica della nanolitografia a intinzione usando un microscopio a forza atomica.
Per gentile concessione del Mirkin Group, Northwestern University di Chicago, USA.

Ma questa è soltanto una dimostrazione delle potenzialità della tecnica. In realtà la nano-penna non serve per scrivere, o perlomeno non nel senso corrente del termine. Serve invece per creare nanostrutture, e per farlo con grande efficienza se si usano simultaneamente centinaia o migliaia di punte.

Insegnare a un millepiedi a scrivere

Il moderno «nanoscriba» non è più un'idea astratta, ma si sta rapidamente affermando come una realtà concreta e di interesse commerciale. Qualche anno fa infatti l'IBM di Zurigo ha dato il via, sotto la guida di Gerd Binnig, alla costruzione di un apparecchio in grado di rivoluzionare il modo in cui immagazziniamo l'informazione.

Oggi la memorizzazione dei dati sui nostri computer è affidata a supporti fatti di materiale magnetico. I bit di informazione sono codificati in piccole aree o *domini*: se c'è magnetizzazione il bit è 1, altrimenti è 0. Quanto più piccoli sono i domini magnetici in cui si memorizza l'informazione, tanto maggiore è la capacità del supporto.

I ricercatori di Zurigo intendono sfruttare le dimensioni ridotte delle punte di un AFM per «scrivere» informazione in un modo del tutto diverso, *incidendo* un supporto con la sonda. L'idea cioè è di fare veri e propri nano-buchi sul supporto (o riempirli, per modificare il bit) mediante un processo meccanico. In questo modo è possibile codificare l'informazione come «superficie con avvallamento» = 1 e «superficie liscia» = 0. Un po' come avviene quando il laser modifica, riscaldandola localmente, la superficie della lega metallica contenuta in un cd riscrivibile variandone la capacità di riflettere la luce, ma agendo ora su scala nanometrica.

Il progetto di Zurigo ha un nome, *Millepiedi*, e un obiettivo, raggiungere una densità di informazione molto superiore a quella dei dischi magnetici in uso da oltre cinquant'anni. Un primo dispositivo messo a punto nel 2002 conteneva una griglia di 32 × 32 microlamine, ciascuna dotata di una sottilissima punta, per un totale di 1024 «bracci» contenuti in uno spazio di 3 × 3 mm^2. Un dispositivo più recente è formato da 64 × 64 bracci, per un totale di 4096 punte contenute in 7 × 7 mm^2.

Per scrivere si riscaldano le sonde a circa 400 °C, così da ammorbidire lo strato di polimero con cui è ricoperta la superficie sottostante. A ogni punta si applica una forza debole (qualche centinaio di nanonewton) ma sufficiente a creare un incavo nello strato di polimero. Allontanando la punta resta un «cratere» di circa 50 nm, che costituisce il bit di informazione.

La lettura dei dati richiede un processo lievemente più complesso. Per cancellarli si fa ammorbidire una zona più ampia del polimero tramite un aumento di temperatura che provoca la rimozione del cratere creato in precedenza.

Questo processo di scrittura, lettura e cancellazione è stato provato per oltre 100 000 cicli: avviene in tempi molto rapidi (1-2 megabit al secondo) e con consumo di energia inferiore a quello richiesto per il funzionamento delle memorie magnetiche. Con il dispositivo a 1024 punte si è riusciti a produrre una densità di dati pari a 30 gigabit per cm^2, ma si pensa che nel giro di qualche anno sarà possibile arrivare a densità di dati elevatissime, dell'ordine del terabit (10^{12} bit) per cm^2.

Quando ho iniziato la mia attività scientifica, verso la fine degli anni Settanta, il modo per «scrivere» informazione nel mondo dell'elettronica non era poi tanto diverso, almeno concettualmente. I programmi e i dati erano riportati su schede perforate, dove a

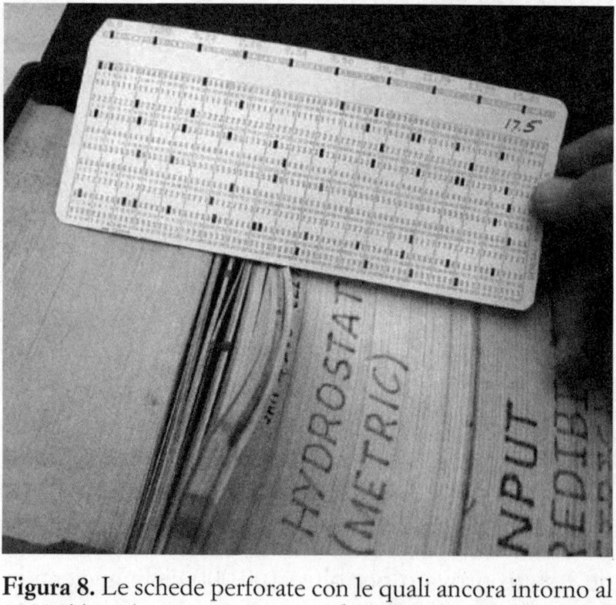

Figura 8. Le schede perforate con le quali ancora intorno al 1980 si inserivano programmi e dati nei computer.

ogni foro corrispondeva un carattere (figura 8). C'era poi un lettore ottico che leggeva molto rapidamente le schede e tutti i loro fori, traducendo l'informazione in segnali elettrici. Negli uffici c'erano appositi armadi per conservare le migliaia di schede su cui erano scritti i programmi e i dati.

È curioso che, dopo trent'anni, la tecnologia più avanzata per memorizzare l'informazione adotti il medesimo approccio di generare un «buco» su un supporto, sia pure uno strato di polimero anziché una scheda di cartoncino.

Qualcosa però è cambiato: nell'area di un singolo foro rettangolare della vecchia scheda perforata, che corrispondeva a 8 bit, oggi grazie alle nanotecnologie di bit possiamo scriverne 25 miliardi. Scusate se è poco.

CAPITOLO 5

Dal transistor al computer quantistico

Con l'estensione a tutta l'Europa, la rete telefonica aveva superato in complessità tutti gli impianti realizzati fino ad allora, compresi quelli nordamericani, e senza transizione aveva raggiunto una consistenza numerica tale che le consentiva di comportarsi come un centro nervoso. Non come un cervello, certo: o almeno non come un cervello intelligente; tuttavia era in grado di eseguire qualche scelta elementare, e di esercitare una minuscola volontà.

Primo Levi, «A fin di bene»,
in *Vizio di forma*

La mattina del 23 dicembre 1947 William Shockley era molto agitato quando, verso le sette, si recò ai laboratori della Bell Telephone a Murray Hill, a una trentina di kilometri da New York. Superati i controlli all'ingresso si avviò con passo deciso per i deserti corridoi del centro di ricerca, con la mente rivolta a quanto sarebbe avvenuto nel pomeriggio.

Il suo gruppo di ricerca doveva dimostrare a Ralph Bown, il direttore, il funzionamento di un promettente dispositivo elettronico di concezione totalmente nuova.

Shockley sapeva che il nuovo amplificatore di corrente basato su un materiale semiconduttore avrebbe potuto generare una vera e propria rivoluzione, ma doveva ancora convincere i suoi superiori. Una settimana prima due suoi collaboratori, John Bardeen e Walter Brattain, avevano compiuto un passo in avanti decisivo: usando una sottile lamina di germanio, un raccordo di plastica e un foglio d'oro erano riusciti ad amplificare un segnale elettrico moltiplicandone di cento volte la potenza.

Bardeen, allora trentanovenne, era un fisico teorico di poche parole e di grande qualità (fino a oggi è l'unico scienziato ad aver vinto il premio Nobel per la fisica due volte, per scoperte diverse). Brattain, che si occupava di semiconduttori da oltre un decennio, era invece molto più tecnico, particolarmente esperto nel progettare nuovi esperimenti e nel far funzionare congegni e strumenti. Lavorando fianco a fianco per due anni, e con grande intensità nell'ultimo mese, dopo una serie di tentativi falliti i due erano riusciti a far funzionare il loro strano oggetto.

Quella mattina dell'antivigilia di Natale del 1947, dunque, Shockley, Bardeen e Brattain si incontrarono per mettere a punto gli ultimi calcoli, controllare ancora una volta il funzionamento del dispositivo e ritoccare i grafici da mostrare al direttore. La domanda che li assillava era la stessa: riusciremo a convincere il management dell'azienda dell'utilità e del potenziale anche commerciale di questo nuovo componente?

Nel pomeriggio iniziò la dimostrazione pratica. Brattain accese l'apparecchiatura e parlò sottovoce a un microfono collegato con le cuffie acustiche che Bown, il direttore, aveva indossato.

I tre scienziati guardarono divertiti la faccia sorpresa e incredula di Bown quando nelle sue orecchie il debole suono della voce di Brattain arrivò come un rombo di tuono, grazie all'effetto della potente amplificazione.

Il nuovo dispositivo, chiamato *transistor*, segnava l'inizio della fine per le radio e i televisori a valvole. Iniziava un'era nuova che avrebbe portato a una delle rivoluzioni più profonde nella storia del genere umano: la nascita dell'elettronica moderna con tutte le sue conseguenze, lo sviluppo dei computer, delle telecomunicazioni e di Internet.

La storia delle grandi scoperte è anche la storia dei suoi protagonisti, e quella della scoperta del transistor merita di essere raccontata. William Shockley infatti aveva un carattere che sarebbe eufemistico definire difficile. Educato sin da piccolo a ritenere di essere il migliore, aveva un piglio autoritario e scorbutico. Il fatto che l'invenzione del transistor fosse stata fatta dai suoi collaboratori, non da lui in persona, lo infastidiva tanto da spingerlo a dimostrare di saper fare di meglio, progettando un sistema diverso e alternativo a quello di Bardeen e Brattain.

Si scatenò così una competizione tutta interna alla Bell per decidere quale sistema avesse le caratteristiche migliori e dovesse andare per primo in produzione. Il risultato fu che di lì a qualche anno Bardeen lasciò i Bell Laboratories passando all'università, mentre Brattain si fece trasferire a un altro settore dell'azienda.

I rapporti con Shockley si deteriorarono al punto che i tre si incontrarono di nuovo soltanto nel 1956, a

Stoccolma, quando ricevettero il premio Nobel per la fisica per la scoperta del transistor.

Bardeen si dedicò a ricerche in altri campi e da lì a qualche anno ottenne un altro risultato fondamentale, la formulazione della teoria della superconduttività a bassa temperatura, che gli valse un secondo Nobel condiviso nel 1972 con Leon Niels Cooper e John Robert Schrieffer.

Verso la miniaturizzazione

Ma ritorniamo ai transistor. L'annuncio dell'invenzione fu dato il 30 giugno 1948 direttamente da Ralph Bown in una conferenza stampa presso i Bell Laboratories.

Pochi si accorsero della novità, anche perché l'attenzione in quei giorni era rivolta a ben altri problemi: l'acuirsi della crisi di Berlino, il blocco della città da parte dei sovietici e il riacutizzarsi del rischio che il mondo precipitasse dalla «guerra fredda» a un conflitto nucleare.

Il New York Times riportò comunque la notizia della scoperta il 1° luglio, sia pure soltanto a pagina 46. L'articolista era particolarmente attratto da una caratteristica del transistor: usandolo nella radio al posto delle valvole, non sarebbe più stato necessario aspettare che queste si riscaldassero; l'apparecchio, appena acceso, avrebbe funzionato subito. In realtà il cambiamento era molto più profondo: come ebbe a dire Shockley, era nata la cellula nervosa dell'era dell'informazione.

Ci vollero alcuni anni prima che i transistor entrassero in produzione e il loro costo scendesse abbastanza da renderli appetibili anche dal punto di vista economico rispetto alle tradizionali e fragili valvole.

Grande come una pasticca, con due o tre filamenti che uscivano dal cilindretto, all'inizio degli anni Cinquanta il transistor era ancora poco più di una curiosità da laboratorio, costosa e perciò adatta soltanto per applicazioni molto particolari, come le comunicazioni militari.

Ma nel 1954 le cose cominciarono a cambiare radicalmente. Una piccola società di Dallas, la Texas Instruments, iniziò a produrre transistor per radio portatili, seguita poco dopo da una minuscola e oscura società giapponese, la Sony. In breve le radioline portatili divennero uno status symbol tra i giovani, e l'uso dei transistor si moltiplicò estendendosi anche ai televisori intorno al 1960.

Che cosa ha a che fare tutto questo con le nanotecnologie? Moltissimo, perché le tecnologie microelettroniche sono il primo esempio concreto di miniaturizzazione che porta a oggetti di dimensioni sempre più piccole, fino a sfociare nel mondo «nano». Comprendere come queste tecnologie sono nate e in quanto tempo si sono evolute è fondamentale per capire quanta strada c'è da percorrere per estendere queste tecniche anche ad altri settori.

Il transistor di Bardeen, Brattain e Shockley era piccolo, ma tutt'altro che «nano». Misurava pochi millimetri, e permetteva di ridurre di un fattore dieci le dimensioni di una radio. Ma non era semplice connettere tra loro più transistor, un passaggio indispensabile se si voleva usarli per effettuare operazioni più sofisticate. I problemi ingegneristici legati alla connessione erano complessi e limitavano seriamente l'uso del transistor in apparecchi che non fossero radio e televisori.

Alla fine degli anni Cinquanta un ingegnere elettronico della Texas Instruments, Jack Kilby, stava cercando di risolvere questi problemi in un modo che fosse compatibile con i processi industriali.

Kilby sapeva che in linea di principio sarebbe stato possibile costruire un computer usando moltissimi transistor. Alla base dell'informazione binaria ci sono infatti i bit 0 e 1, falso o vero. Un debole voltaggio applicato a un transistor ne modifica lo stato elettrico, consentendogli di rappresentare un bit: quando è carico equivale a 1, quando è scarico equivale a 0. Per passare a un computer vero e proprio, però, era necessario risolvere il problema delle connessioni.

All'epoca l'unica soluzione era collegare i transistor a mano, uno per uno. Così i computer occupavano intere stanze, e la loro capacità era dettata dal numero di transistor e di connessioni. Inoltre i segnali erano rallentati dalla necessità di viaggiare su kilometri di cavi per completare un circuito.

Kilby, man mano che si addentrava nella questione, si convinse che sarebbe stato possibile ricavare i vari componenti (transistor, resistenze e connessioni) su una stessa base comune, un singolo blocco di materiale, in questo caso silicio.

Come molte altre invenzioni viste in retrospettiva,

anche questa, il *circuito integrato* o *microprocessore*, può sembrare semplice. Ma era tutt'altro che ovvia all'epoca, e poneva inoltre seri problemi tecnologici e produttivi.

Il 12 settembre 1958 il gruppo di Kilby si radunò per un esperimento decisivo: un circuito elettronico interamente disegnato su un supporto di silicio cristallino sarebbe stato connesso a un oscilloscopio. Kilby respirò profondamente e girò l'interruttore. Una linea verde oscillante comparve sul monitor e un sorriso di sollievo si stampò sul volto dei presenti. Era nato il circuito integrato.

In quegli stessi anni Robert N. Noyce, ingegnere elettronico della Fairchild Semiconductor Corporation, giungeva in modo indipendente allo stesso risultato. Ma né Kilby né Noyce erano consapevoli della profonda rivoluzione che la loro invenzione avrebbe prodotto. Sapevano però che si trattava di un modo del tutto nuovo di produrre dispositivi elettronici, e che come minimo avrebbe avuto rilevanti ricadute commerciali. Entrambi così presentarono domanda di brevetto.

Kilby aveva presentato la domanda per primo, ma la sua documentazione presentava aspetti incompleti e alcune ambiguità. Il risultato fu una prolungata battaglia legale, che si concluse a favore di Noyce parecchi anni dopo. Ma questo nulla toglie alla paternità della scoperta, e Kilby e Noyce sono considerati i coinventori del microprocessore.

Noyce, poi divenuto uno dei fondatori del colosso statunitense Intel, morì nel 1990 e non poté godere della gloria derivante dall'assegnazione del Nobel, che Kilby ricevette nel 2000 insieme ad altri due scienziati, il russo Zhores Alferov e il tedesco Herbert Krömer, come riconoscimento per il loro contributo allo sviluppo delle moderne tecnologie di comunicazione (Alferov e Krömer avevano sviluppato il laser a semiconduttore e le eterogiunzioni oggi utilizzate per le comunicazioni in fibra ottica).

Una corsa verso il basso

Cinquant'anni fa era ancora impossibile intravvedere le enormi potenzialità del transistor, che avrebbe portato allo sviluppo dei moderni calcolatori, al personal computer, a Internet e alla telefonia cellulare. Ma il seme per questo sviluppo turbolento e radicale, destinato a trasformare il nostro modo di comunicare riducendo le barriere temporali e geografiche, era già stato gettato.

Il processo industriale classico per la produzione dei transistor usa uno strato di silicio cristallino e le cosiddette *tecnologie planari*, che si sono spinte via via più in giù nella scala dimensionale allo scopo di concentrare un numero sempre maggiore di transistor su una data superficie.

La storia delle tecnologie planari è emblematica di come si possa passare dal «micro» al «nano» seguendo l'approccio *top-down*, dall'alto verso il basso, cioè producendo sistemi e dispositivi con il ritaglio di porzioni sempre più piccole di materia.

La questione di fondo è quella su cui avevano già

riflettuto i filosofi atomisti greci: fino a quando è possibile continuare a suddividere un oggetto in frammenti più piccoli?

Capire le tecnologie planari e come si producono oggi i transistor è dunque un passaggio obbligato non soltanto per comprendere come si è sviluppato uno dei più importanti processi industriali dell'epoca moderna, ma anche per conoscere i limiti di questo modo di procedere e per scoprire le vie percorribili da altri processi tipici delle nanotecnologie.

Il problema è quello di disegnare su una fetta sottile di silicio cristallino purissimo, detto *wafer*, un numero davvero enorme di piccoli oggetti, i singoli transistor, usando una sorta di punteruolo molto particolare. Quanto più affilato sarà il punteruolo, tanti più transistor potranno essere ricavati.

Il processo usato è chiamato *fotolitografia* e ha molti elementi in comune con i processi litografici usati dagli artisti. Il termine litografia deriva dal greco e significa «scrivere con la pietra»; fu coniato nel 1798 da un eclettico attore e autore teatrale tedesco, Aloys Senefelder.

Nella sua applicazione originale un disegno era riprodotto con uno speciale olio su una lastra di pietra, che era poi immersa nell'inchiostro. L'olio tratteneva l'inchiostro, che non si attaccava invece al resto della pietra. A questo punto pressando la pietra su un foglio di carta si otteneva una stampa.

Nella fotolitografia, come nel processo di stampa fotografico, l'idea è quella di utilizzare la radiazione elettromagnetica (luce visibile o raggi ultravioletti) per modificare un materiale fotosensibile. Nel processo fotografico classico questo è costituito da sali di argento, mentre nella fotolitografia si usano polimeri sensibili alla luce che formano uno strato chiamato *fotoresist*. Questo viene «disegnato» a piacere dal raggio luminoso che produce una traccia ben definita, le cui dimensioni sono direttamente legate alla lunghezza d'onda della luce incidente: tanto più corta è λ, tanto più sottile sarà la traccia.

La cosa a questo punto si fa un po' complicata, in quanto solo le zone del fotoresist colpite dalla luce reagiscono con speciali reagenti chimici che lo rimuovono in modo selettivo. Si creano così dei «solchi» sottilissimi ma profondi che espongono il silicio sottostante ad altri attacchi chimici che permettono di separare un transistor dall'altro. Il fotoresist viene poi rimosso con speciali tecniche di lavaggio e si può procedere a depositare sottilissimi strati di metallo che connettono il transistor agli altri componenti del circuito.

Nel suo complesso l'operazione comprende non meno di venti stadi successivi, tecnologie altamente sofisticate e costi di produzione altissimi. Ma offre un grande vantaggio pratico: da una stessa base di silicio ricoperto di ossido si possono ritagliare migliaia, milioni, miliardi di transistor con un'unica sequenza di processi. E come si può immaginare, quanti più elementi si riescono a ricavare da un singolo wafer di silicio, tanto più si riduce il costo per transistor.

Quando la microelettronica lavorava su scale delle decine di micrometri, la radiazione impiegata per «incidere» il fotoresist era tipicamente di tipo infrarosso. Con il progredire della miniaturizzazione dei circuiti si è passati a radiazioni di lunghezza d'onda più corta, prima la luce visibile, poi l'ultravioletto vicino e quindi l'ultravioletto lontano. Il «coltello» usato per tagliare gli strati si è fatto più affilato, sino a raggiungere quegli stessi limiti fisici di cui abbiamo parlato a proposito dei microscopi ottici.

In teoria con i raggi X, che hanno lunghezza d'onda molto corta, si potrebbero ricavare transistor di pochi nanometri. Ma le tecniche fotolitografiche basate sui raggi X o sugli ultravioletti «estremi», ossia molto energetici, sono difficili da realizzare perché molti materiali vengono attraversati da queste radiazioni, che inoltre possono danneggiarli. Occorre perciò utilizzare sostanze e processi totalmente diversi, sia per il fotoresist sia per le lenti che focalizzano la luce.

Ecco quindi che nella fotolitografia, come già era avvenuto nella microscopia, si sono prese in esame tecniche basate su una sorgente di elettroni anziché sulla luce, quindi sui fotoni. La litografia a fascio elettronico è stata usata con successo per realizzare strutture di dimensioni nanometriche; ma anche questa tecnica pone problemi tecnologici notevoli, primo fra tutti l'esigenza di lavorare in condizioni di vuoto molto spinto.

Man mano che si procede verso dimensioni sempre più piccole, insomma, le difficoltà tecniche crescono e i costi produttivi aumentano di pari passo.

Storia di una famosa legge empirica

Eppure ci siamo abituati ad assistere a un progresso apparentemente inarrestabile nella capacità di elaborazione dei microprocessori e quindi nella potenza dei nostri computer e degli strumenti informatici in genere. Tutto è iniziato, almeno simbolicamente, l'8 aprile 1965, quando sulla rivista popolare statunitense Electronics l'ingegnere elettronico Gordon E. Moore pubblicò un articolo destinato a entrare nella storia della tecnologia.

Moore aveva lavorato alla fine degli anni Cinquanta in una società di semiconduttori fondata da Shockley, ma dopo poco l'abbandonò – insieme a Robert Noyce – per fondare una nuova azienda, la Fairchild Semiconductors. Poi nel 1968 i due uscirono dalla Fairchild per fondare l'Intel, destinata a divenire un colosso mondiale nella produzione di microprocessori.

«Il futuro dell'elettronica integrata – incominciava l'articolo di Moore – è il futuro dell'elettronica stessa. I vantaggi dell'integrazione porteranno a una esplosione dell'elettronica, spingendo questa scienza in molti settori nuovi».

A pochi anni dall'invenzione del circuito integrato di Kilby e Noyce, Moore si spingeva addirittura a prevedere che «i circuiti integrati porteranno a meraviglie quali computer di casa, o almeno terminali connessi a computer centrali, controllo automatico delle automobili e strumenti di comunicazione portatili e personali».

Quindici anni prima dell'avvento del personal computer, venticinque anni prima della nascita di Internet e trent'anni prima della diffusione del telefono cellulare, Moore aveva preannunciato tutte queste cose, e si era divertito anche a illustrare la sua previsione con una vignetta in cui al supermercato un venditore offre ai clienti computer che stanno nel palmo di una mano.

La ragione della fama dell'articolo non sta però in queste previsioni di tipo generico, quanto nel fatto che Moore si spinse a formulare una legge empirica che è poi diventata celebre.

Egli infatti osservò che, in base ai dati disponibili tra il 1959 e il 1965, il numero di transistor per unità di area all'interno dei circuiti integrati era raddoppiato ogni anno. Estrapolando questi dati, Moore azzardò la previsione che l'innovazione nella tecnologia dei microprocessori avrebbe consentito di mantenere questo ritmo di crescita per i successivi dieci anni: nel 1975 dunque sarebbe stato possibile ricavare 65 000 transistor su un singolo processore.

In realtà Moore era stato troppo ottimista, e un microprocessore con 65 000 transistor non apparve che nel 1981; tanto che nel 1975 Moore corresse la legge, stimando che il raddoppio della densità sarebbe avvenuto ogni diciotto mesi, anziché dodici.

La cosa sorprendente è che la previsione di questa *legge di Moore*, formulata su base del tutto empirica, è rimasta corretta fino ai giorni nostri, consentendo una riduzione impressionante del costo di produzione di un singolo transistor (figura 9).

Nel 1965 un transistor costava circa un dollaro. Dieci anni dopo il costo era già crollato a un centesimo. Le prestazioni di un microprocessore sono passate da 1,5 milioni di istruzioni al secondo (MIPS) nel 1979 a 50 milioni nel 1989, con il processore Intel 486, sino a 1000 milioni nel 1999, con il Pentium III.

Al momento in cui scriviamo, i processori più avanzati contengono oltre un miliardo di transistor e lavorano a 10 000 MIPS, ossia effettuano dieci miliardi di operazioni logiche al secondo. Il costo del singolo transistor è sceso a meno di un decimillesimo di centesimo di dollaro. La dimensione dei transistor è andata

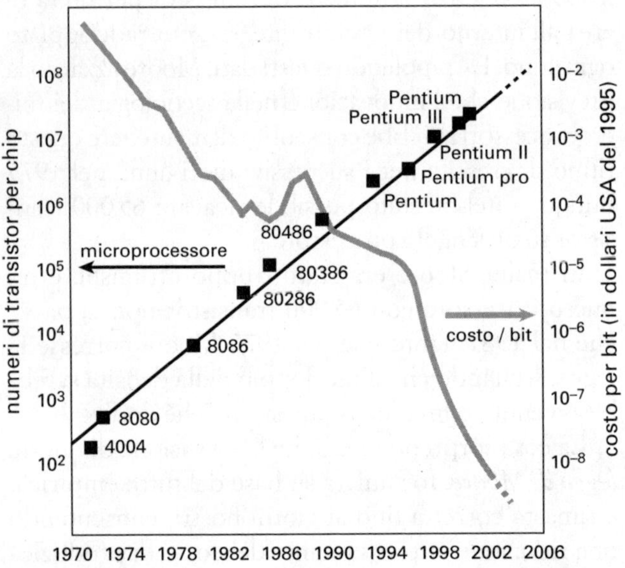

Figura 9. L'evoluzione del numero di transistor per microprocessore, e del costo per bit di informazione, negli ultimi trent'anni.
Fonte dei dati: Massachusetts Institute of Technology.

costantemente diminuendo e ha abbattuto barriere che sembravano insormontabili: prima quella del micrometro, più recentemente quella dei 100 nanometri, portando di diritto questo settore dal campo delle microtecnologie a quello delle nanotecnologie.

La tecnologia più avanzata in produzione di massa è oggi basata su dispositivi in cui ogni transistor ha dimensioni laterali di 65 nanometri; e già si guarda ai prossimi passi, fino alla produzione di transistor di 22 nanometri nel 2012-2014.

Tanto per intenderci, un lato di 22 nanometri può ospitare un centinaio di atomi: dunque un transistor di questo tipo può contenere centinaia di migliaia o al massimo qualche milione di atomi, a seconda dello spessore. Manca poco per arrivare alle dimensioni tipiche dei cluster.

Quale futuro per il computer?

Questi sviluppi vanno però incontro a diversi problemi, che inevitabilmente finiranno per rallentare e poi fermare del tutto la corsa verso l'ultrapiccolo.

Quando le dimensioni dei transistor si riducono essi consumano meno energia, ma aumenta la loro perdita di corrente, cioè il flusso continuo di elettroni anche quando il transistor è in posizione *off*. Anche in questo caso il funzionamento è compromesso.

Ci sono poi problemi di tipo ingegneristico. Più transistor ci sono su un microprocessore, più calore si genera per effetto resistivo al transito degli elettroni. E il calore deve essere dissipato in modo efficiente, per evitare un eccessivo surriscaldamento che porterebbe al danneggiamento irrimediabile del sistema. E poi ci sono le problematiche legate ai processi litografici, a cui abbiamo già accennato.

Questo ci porta all'ultimo problema, che è prettamente economico: l'investimento da sostenere per un nuovo impianto di produzione di microprocessori cresce in modo esponenziale man mano che le dimensioni dei transistor diminuiscono, al punto che anche i colossi industriali del settore non riescono più a ripagarsi le spese.

Un impianto per tecnologie a 65 nanometri costa oltre quattro miliardi di dollari, ma per tecnologie a 22 nanometri il costo potrebbe salire di dieci o venti volte. Le procedure per produrre oggetti nanodimensionati mediante l'approccio top-down diventano insomma così sofisticate da essere economicamente insostenibili, e la fine della tecnologia fondata sui transistor a base di silicio è prevista intorno al 2015. Dovremo quindi rassegnarci a rinunciare alla legge di Moore nei prossimi anni?

Sicuramente prima di abbandonare queste tecnologie, che hanno visto conquiste concettuali e ingegneristiche avanzatissime, si cercherà di migliorare tutti gli aspetti della catena produttiva che hanno ancora margini di guadagno. Su una cosa non ci sono dubbi: sotto il limite dei 22 nanometri non sarà facile andare, a meno di considerare soluzioni del tutto diverse. E proprio questa è una delle sfide principali delle nanotecnologie.

Come abbiamo già sottolineato, l'aumento esplosivo della capacità di elaborazione dei computer negli ultimi 50 anni è stato legato alla capacità di affinare sempre di più il processo top-down, che consiste nel suddividere un oggetto macroscopico in unità sempre più minute.

Ma esiste un approccio alternativo per produrre oggetti di dimensioni «nano»: si può partire dal piccolo per costruire strutture più grandi, mettendo insieme singoli atomi o molecole come fossero mattoncini del Lego, a formare edifici molecolari le cui dimensioni restino comunque minuscole. Questo modo di procedere si chiama *bottom-up,* dal basso in alto.

Si tratta quindi di progettare e costruire transistor del tutto diversi, facendo uso di molecole organiche, per ottenere dispositivi che svolgano le stesse funzioni logiche del transistor tradizionale, ossia codificare l'informazione in due stati differenti che possano essere letti come le cifre 0 e 1 del codice binario.

L'elettronica molecolare

Stiamo parlando della cosiddetta *elettronica molecolare* e delle sue prospettive. Diciamo subito che già da parecchi anni si studiano processi e dispositivi basati su questa tecnologia, ma purtroppo siamo ancora lontani da una soluzione. Tuttavia i continui progressi lasciano intravvedere lo sviluppo di un nuovo modo di progettare i computer di domani. Che cos'è dunque l'elettronica molecolare?

L'idea è quella di sfruttare le dimensioni nanometriche delle molecole per sostituirle ai normali transistor. I vantaggi però vanno oltre il semplice aspetto dimensionale, che pure di per sé consentirebbe di concentrare moltissimi transistor in un'area piccola.

I sistemi molecolari consentono di confinare gli elettroni in modo sicuro. Non solo: si può pensare di costruire tutti gli elementi tipici di un transistor utilizzando molecole progettate appositamente. Per costruire un «cavo», per esempio, si potrà usare una lunga molecola in cui gli elettroni possano facilmente fluire da un capo all'altro.

Ma un dispositivo come un transistor deve fare qualcosa di più che lasciar semplicemente scorrere gli elettroni: deve essere in grado di controllarne il flusso. L'obiettivo diventa perciò quello di progettare molecole i cui livelli energetici siano tali da permettere o impedire a comando il flusso di elettroni. Come si può fare?

Be', sappiamo che nelle molecole gli elettroni occupano particolari regioni dette *orbitali*, che sovrapponendosi consentono agli elettroni stessi di fluire liberamente, legando così tra loro i diversi atomi della molecola.

Ma se la struttura della molecola è modificata, per esempio ruotandone una parte, si può ridurre o eliminare del tutto la sovrapposizione degli orbitali, rendendo così la molecola incapace di condurre l'elettricità. Proprio come accade nel transistor, dove il flusso di elettroni è governato dall'applicazione di una debole differenza di potenziale.

Nell'elettronica molecolare dunque si può ottenere un «interruttore» modificando la forma della molecola con l'applicazione di un debole potenziale elettrico. Se si pensa che le molecole note sono milioni, e che oggi siamo in grado di modificarle più o meno a piacere, si capisce bene come le potenzialità siano davvero molte. Che cosa ostacola dunque l'affermarsi di questo nuovo modo di produrre microprocessori?

Innanzitutto un problema pratico assai complesso è che non basta costruire un singolo transistor molecolare: occorre metterne insieme *miliardi*. Per aggirare le tecniche litografiche bisogna che le molecole destinate a svolgere le varie funzioni nel circuito elettronico (interruttore, cavo di connessione e così via) si dispongano spontaneamente nel modo desiderato. Occorre cioè «insegnare» alla natura a fare certe cose in modo del tutto auto-organizzato, secondo un progetto ben preciso.

Ecco perché è importante il concetto di *autoassemblaggio*, che tanta parte riveste nello sviluppo delle nanotecnologie. Se per esempio vogliamo produrre un dispositivo elettronico molecolare, occorre ancorare le molecole organiche a un supporto inerte; se questo è costituito da una superficie d'oro, bisognerà dotare la molecola organica di un'estremità capace di legarsi saldamente all'oro, una sorta di ventosa molecolare. Un gruppo terminale di questo tipo, che funge da adesivo, è quello noto come *tiolo*, ed è formato da un atomo di zolfo legato ad atomi di idrogeno o di carbonio.

Per ottenere un autoassemblaggio di molecole organiche basta immergere una superficie d'oro in una soluzione delle nostre molecole, ciascuna contenente a un'estremità un gruppo tiolo. Le molecole si legheranno spontaneamente alla superficie d'oro e si orienteranno tutte con la catena di atomi di carbonio nella stessa direzione, formando una struttura perpendicolare alla superficie, una specie di tappeto organico dalle setole morbide e lineari.

Così, da una distribuzione disordinata di molecole nella soluzione si passa a uno strato ordinato di molecole tutte orientate allo stesso modo. Se poi le molecole possiedono un secondo gruppo tiolo sull'altra estremità, allora le si può legare a una seconda superficie d'oro, formando un sandwich che racchiude un insieme molto grande di molecole organiche. Queste molecole potranno far fluire la corrente elettrica o bloccarla a comando, per effetto di una tensione applicata alle due superfici metalliche: ecco realizzato un transistor molecolare.

I rischi di una competizione troppo spinta

Nonostante i progressi siano quasi quotidiani, siamo ancora lontani dalla soluzione di tutti i problemi e dal poter superare le prestazioni e i vantaggi della tecnologia tradizionale basata sul silicio. Il campo è talmente in ebollizione che ha portato di recente a un vero e proprio scandalo nella comunità scientifica, con tanto di inchieste, dibattiti, *mea culpa* pubblici e condanne senza appello. È la storia emblematica e clamorosa di Jan Hendrik Schön e dei suoi annunci di realizzazione dei primi transistor molecolari.

All'epoca dei fatti, tra il 2000 e il 2001, Schön era un giovane e brillante ricercatore tedesco dei Bell Labs, proprio lo storico e prestigioso centro di ricerca che cinquant'anni prima aveva visto la nascita del transistor.

Nel giro di un paio d'anni Schön pubblicò su riviste prestigiose come Science e Nature una serie impressionante di articoli che riportavano progressi costanti e decisivi nella messa a punto di un transistor molecolare, tanto che a Schön giunsero numerose offerte di lavoro dalle più prestigiose università del mondo.

Passati i primi entusiasmi però cominciarono a emergere dubbi, difficoltà a riprodurre i risultati descritti, sino a far sorgere il sospetto di una manipolazione dei risultati. Seguì un'inchiesta interna ai Bell Labs che, verificato il comportamento fraudolento di Schön, ne determinò il licenziamento in tronco e la ritrattazione di ben ventuno articoli apparsi su Science, Nature e Physical Review Letters.

Persino Wikipedia, l'enciclopedia aperta di Internet, dedica un'ampia voce al caso.

La storia di Schön è il segno evidente degli interessi immensi che si possono celare dietro a un successo decisivo nel campo dell'elettronica molecolare.

Nonostante questo incidente di percorso, la ricerca nel campo dell'elettronica molecolare prosegue a ritmo serrato. Se riuscirà a fornire le risposte necessarie per sostituire il silicio da qui al 2015-2020, è presto per dirlo. Anche perché intanto si fa strada un'altra tecnologia, questa sì davvero rivoluzionaria, che potrebbe portare a un metodo completamente nuovo per codificare l'informazione: il *computer quantistico.*

Calcolare con gli elettroni

Diciamo subito che parlando di computer quantistico ci avviamo su una strada che è a metà tra sogno e realtà. Se è vero che la realizzazione di questo modo del tutto nuovo di elaborare dati potrebbe portare a prestazioni inimmaginabili, va sottolineato che le difficoltà concettuali e pratiche sono ancora tali e tante da mettere in forse la concretizzazione dell'idea, a cui peraltro si sta lavorando con molto interesse e con costanti progressi.

Che cos'è dunque un computer quantistico, e come funziona? In un certo senso potremmo considerarlo la realizzazione finale, l'apoteosi delle nanotecnologie. L'idea è infatti quella di sfruttare i singoli atomi (e abbiamo visto quanti ce ne siano, in porzioni anche piccolissime di materia) per memorizzare ed elaborare l'informazione. Ma è anche molto più di questo: è la capacità di sfruttare appieno quelle peculiarità del mondo atomico che lo rendono così diverso dalla nostra percezione quotidiana.

Abbiamo già detto che una delle proprietà fondamentali del mondo quantistico è la natura dualistica particella-onda dell'elettrone, e che gli elettroni possono esistere negli atomi soltanto in stati energetici discreti, quantizzati.

Quando un atomo passa da uno stato di energia a un altro stato con energia più elevata, ciò avviene spostando uno dei suoi elettroni da un'orbita interna a una più esterna per effetto dell'assorbimento di un quanto di energia luminosa, un fotone. Questo fenomeno può essere usato in linea di principio per codificare informazione.

Supponiamo per esempio di avere a disposizione atomi di idrogeno, i più semplici esistenti in natura, costituiti da un solo protone e da un solo elettrone. Quando l'atomo è «a riposo» e si trova nel suo stato fondamentale, l'elettrone occupa l'orbita più interna, la più vicina al nucleo, e la sua energia può essere indicata con E_0. Possiamo associare questa situazione con la codificazione di uno 0.

Per scrivere un 1, l'atomo deve essere eccitato a un livello energetico più alto, corrispondente a un'energia E_1. Per farlo occorrerà irraggiare l'atomo di idrogeno con un raggio laser i cui fotoni abbiano un'energia pari alla differenza tra E_1 e E_0.

Se il laser ha la giusta intensità e il suo impulso ha un'opportuna brevissima durata, l'atomo passerà gradualmente dallo stato fondamentale a quello eccitato, assorbendo un fotone. In realtà il processo è velocissimo, e il senso del termine «gradualmente» non è quello comune. Ma resta il fatto che il sistema si può trovare in uno stato intermedio che è il risultato della sovrapposizione di quelli di partenza e di arrivo. Se l'atomo fosse già nello stato energetico eccitato E_1, invece, lo stesso impulso potrebbe farlo «decadere» allo stato fondamentale E_0 grazie a un processo di risonanza, con emissione di un fotone.

In termini di immagazzinamento di informazione,

l'impulso del laser fa cambiare all'atomo il suo bit di informazione, un bit quantistico detto *qubit*. Ciò permette di scrivere o leggere dati, con una differenza fondamentale rispetto al bit classico.

Nei transistor il dato può essere soltanto 0 o 1, non esiste uno stato intermedio (se esiste, significa che il transistor è deteriorato). Il qubit invece può esistere anche in uno stato intermedio tra 0 e 1: ciò avviene quando l'impulso laser è applicato per metà del tempo necessario all'atomo per passare dallo stato 0 (fondamentale) allo stato 1 (eccitato); in tal caso il qubit è posto in posizione intermedia.

Leggere e scrivere informazione in un computer quantistico equivale a modificare lo stato energetico dei singoli atomi, sfruttando l'interazione tra radiazione e materia.

Tutto questo non basta però per fare del calcolo quantistico: i circuiti elettronici odierni hanno numerosi elementi connessi tra loro che manipolano i bit in vari modi al fine di effettuare anche operazioni logiche. In un computer quantistico ciò richiederebbe di far dialogare tra loro i singoli qubit, un'impresa che presenta difficoltà concettuali e pratiche. Se si riuscirà a superarle, allora potremo utilizzare gli atomi di un cristallo di sale da cucina, il classico cloruro di sodio, per codificare dati sotto forma di 0 e di 1. E potremo modificare il loro stato in modo molto rapido, con una serie di impulsi laser, effettuando in modo ultraveloce le operazioni caratteristiche dei computer.

La strada verso il computer quantistico è ancora

molto lunga, e il rivale da battere è forte e agguerrito: il transistor tradizionale, con la sua eccezionale affidabilità, le sue prestazioni già oggi elevatissime e i costi ridottissimi, possiede caratteristiche tali da renderlo quasi inattaccabile.

Ma a tutto c'è una fine, e quella del transistor pare prossima e inevitabile. Con che cosa lo sostituiremo? È ancora presto per dirlo, ma come abbiamo visto le idee non mancano.

CAPITOLO 6

Particelle impalpabili

Non poteva ritrattare. L'occhio della mente gli diceva che la materia era vacua e rada, come il cielo stellato; granelli minuscoli sospesi nel vuoto, retti da odio e amore.

Primo Levi, «Il passa-muri»,
in *L'ultimo Natale di guerra*

Mastro Antonio lavorava in bottega da quando era ragazzino; lì aveva iniziato ad apprendere i segreti dell'impasto, della lavorazione, decorazione e cottura di preziose anfore, vasi, piatti di terracotta splendidamente colorata e assai ricercata. A Deruta, la cittadina umbra dove viveva, oggi celebre per le sue ceramiche, erano molte le botteghe dedite a questa produzione. La fama del luogo era in gran parte dovuta a una tecnica importata qualche tempo prima dalla Spagna, dall'isola di Maiorca, dove artigiani arabi avevano sviluppato un metodo per arricchire le ceramiche di colori iridescenti e traslucidi.

Anche quel giorno Mastro Antonio si apprestò a preparare la miscela per ottenere il *lustro*, la patina colorata, e dare così l'ultimo ritocco alle preziose maioliche a cui stava lavorando. Prese un po' di sali di rame e di argento, li mescolò con argilla e ocra, stemperò il tutto con aceto di vino, quindi distribuì il composto con un pennello sulle parti da ricoprire. Infine pose delicatamente il vaso in un forno per la cottura, la terza e ultima, questa volta a bassa temperatura.

Non dimenticò di introdurre nel forno sostanze

fumogene come legna fresca e ginestra, senza le quali il lustro non avrebbe preso la sua speciale lucentezza e i colori non si sarebbero fissati. Finita la cottura, lasciò che il vaso si raffreddasse lentamente; soltanto dopo lo ripulì dai residui dell'impasto e dal fumo. A quel punto la metallizzazione del lustro apparve in tutto il suo splendore. Mastro Antonio ammirò soddisfatto il frutto del suo lavoro.

Questa storia immaginaria ma non troppo, ambientata fra Quattro e Cinquecento, ci racconta come l'uso delle nanotecnologie, sia pure inconsapevole, sia molto antico e risalga in certi casi al Rinascimento, se non prima. Il Mastro Antonio della nostra storia non poteva sapere infatti che la miscela colorante di sali e ossidi metallici, con la successiva cottura in ambiente riducente a 600 °C, avrebbe portato lo smalto ad ammorbidirsi, gli ioni rame e argento a migrare alla superficie e quindi a trasformarsi in atomi metallici, che si sarebbero aggregati formando nanoparticelle di rame e di argento inglobate in una pasta vetrosa.

Mastro Antonio non poteva sapere che erano proprio queste minuscole particelle metalliche a causare i brillanti colori che rendevano tanto ricercate le sue maioliche. Soltanto di recente si è scoperto infatti che le colorazioni rosse o dorate del lustro sono dovute a nanoparticelle metalliche quasi sferiche. Con raffinate tecniche di chimica analitica si è anche appurato che il colore rosso è dovuto alla migrazione e riduzione degli ioni rame, mentre le particelle di argento sono necessarie per le colorazioni dorate.

Tutto nacque grazie alla cultura araba in Mesopotamia, intorno al IX secolo d.C. I musulmani non potevano usare l'oro in rappresentazioni artistiche, perché la loro religione lo vietava. Perciò dovettero trovare un modo per creare lo stesso effetto senza utilizzare il prezioso metallo. Le loro ricerche sulla trasformazione di ossidi e sali di altri metalli ebbero successo, portando alla tecnica che abbiamo descritto.

Il lustro può a ragione essere considerato uno dei primi esempi di sviluppo di materiali innovativi, sia pure ottenuti per via empirica. È anche un classico esempio di materiale nanocomposito, cioè formato da due o più componenti, con una struttura polimerica modificata o rinforzata dall'aggiunta di altri componenti, come nanoparticelle metalliche o fibre di dimensioni nanometriche.

Nel caso del lustro le proprietà di interesse erano (e sono) quelle ottiche, ossia il colore e la lucentezza metallica. Abbiamo già visto un altro esempio di nanocomposito usato nell'antichità per questi scopi: alcuni brillanti colori delle vetrate nelle cattedrali duecentesche che si possono vedere in molte città europee hanno un'origine simile. I mastri vetrai dell'epoca avevano appreso per prove e tentativi che l'aggiunta di piccolissime quantità (0,001%) di oro zecchino portava, nel processo di fusione del vetro, a uno splendido colore rosso rubino. Anche in questo caso oggi sappiamo che nella pasta di quei vetri sono disperse nanoparticelle d'oro, e che la colorazione rossa è dovuta alle loro particolari dimensioni.

Questi due esempi, simili nella loro natura, illustrano piuttosto bene cosa si può fare oggi con le nanotecnologie, sostituendo i procedimenti puramente empirici del passato con processi in cui viene sfruttato tutto il bagaglio di conoscenze che possediamo sul comportamento della materia in forma nanometrica.

Nanocatalizzatori

Continuiamo a esaminare le particolarità dell'oro. C'è un altro esempio significativo che dimostra come questo metallo, quando si presenta in forma nanodimensionata, possa riservare sorprendenti novità.

Tutti sanno che l'oro è per antonomasia il metallo nobile, aggettivo con cui i chimici indicano la riluttanza di un elemento a legarsi con altri, in altre parole la sua *inerzia chimica*. I gas nobili come elio, neon e argon sono tali in quanto esistono in forma di atomi isolati, incapaci di legarsi tra loro o con altri elementi.

Tra i metalli l'oro è quello che meno tende a reagire e a legarsi con altri elementi. La sua resistenza alla ossidazione, insieme alla rarità, ne hanno fatto sin dall'antichità il metallo per eccellenza per monili e ornamenti.

Anche gli antichi alchimisti, che pure si cimentarono per secoli nel tentativo di trasmutare i metalli in oro, dovettero prendere atto della inattaccabilità di questo metallo. Soltanto Giabir ibn Hayyan, nato intorno all'813 e conosciuto come il più grande alchimista arabo, riuscì nell'impresa di scioglierlo utilizzando una parte di acido nitrico e tre parti di acido cloridrico concentrati. Per questo chiamò la potente e pericolosa miscela «acqua regia», a indicarne la straordinaria e inimitabile capacità di attaccare il metallo più nobile che si conosca. Ecco perché da sempre, nello studio della chimica, poco spazio è stato dedicato all'oro e alla sua reattività. E per la stessa ragione a nessuno è mai venuto in mente di utilizzare questo metallo come *catalizzatore*.

Ma cos'è un catalizzatore? È una sostanza che, aggiunta a una reazione chimica, la velocizza e ne riduce il costo energetico, senza peraltro essere consumata nel corso della reazione. La catalisi è una scienza di enorme importanza industriale e sociale, ed entra nella stragrande maggioranza dei processi chimici, ma anche in quelli biologici, tramite gli enzimi. La maggior parte dei catalizzatori è costituita da metalli che hanno la funzione di allentare i legami delle molecole che dovranno reagire, facilitandone la rottura. La presenza del catalizzatore agevola così una sequenza di reazioni altrimenti impossibili che per avvenire richiedono una soglia energetica di attivazione molto minore rispetto alla reazione non catalizzata; è un po' come un sentiero di montagna che con un percorso più lungo porta a destinazione facilmente attraverso una serie di colli, evitando la scalata – diretta ma assai più faticosa – di alte vette.

La catalisi industriale è oggi alla base di tutta l'industria petrolchimica, di larga parte di quella farmaceutica e della chimica di base. Fino a vent'anni fa non esisteva però un singolo processo che fosse basato su catalizzatori d'oro, proprio per l'incapacità di questo metallo di legare a sé qualsiasi altra specie chimica.

Tutto cambiò verso la metà degli anni Ottanta grazie a un chimico giapponese, Masatake Haruta. Distinto, dai modi gentili e con un inglese decisamente migliore della maggior parte dei suoi connazionali, Haruta racconta di come un giorno decise di provare a usare l'incorruttibile oro nel processo di trasformazione del monossido di carbonio (CO), una molecola molto tossica, nella più innocua anidride carbonica (CO_2). Preparò una forma molto dispersa del metallo, costituita da particelle di pochi nanometri, deposte su ossido di titanio. Con grande sorpresa notò che le nanoparticelle d'oro non soltanto funzionavano da catalizzatore per la reazione, convertendo a bassa temperatura CO in CO_2, ma erano addirittura più efficaci di altri metalli, notoriamente più attivi dell'oro.

La scoperta di Haruta ha dato inizio a una serie di indagini molto approfondite sulle proprietà chimiche delle nanoparticelle d'oro. Si è scoperto che esse sono attive soltanto quando hanno dimensioni di 2-3 nm, mentre diventano inerti a dimensioni superiori. Oggi i catalizzatori d'oro sono considerati i capostipiti dei nanocatalizzatori, particelle metalliche di dimensioni molto ridotte le cui prestazioni potrebbero rivelarsi molto superiori a quelle dei catalizzatori tradizionali.

In realtà i processi di catalisi con piccole particelle metalliche esistono da molto tempo, e negli ultimi decenni hanno svolto un ruolo fondamentale nella riduzione dell'inquinamento urbano. Tutto incominciò in California verso il 1960, quando ci si rese conto che il gran numero di auto in circolazione produceva un forte deterioramento della qualità dell'aria. La

California adottò per prima una severa legislazione che imponeva alle case automobilistiche di dotare le automobili di una *marmitta catalitica* in grado di eliminare, se non tutti, gran parte dei gas nocivi prodotti nel corso della combustione. La tecnologia che ne derivò può essere considerata, in un certo senso, antesignana delle nanotecnologie.

Sebbene molti automobilisti oggi posseggano una marmitta catalitica, pochi sono consapevoli della complessità dei fenomeni chimici coinvolti nel trattamento dei gas di scarico e nel loro abbattimento. La marmitta catalitica montata sulle nostre auto è un vero e proprio laboratorio chimico basato su nanoparticelle.

Sino a oggi il delicato compito di trasformare CO in CO_2 e i tossici ossidi di azoto (NO_x) in innocuo azoto molecolare (N_2), nonché di completare la combustione degli idrocarburi incombusti, alcuni dei quali cancerogeni, è stato affidato a piccole particelle di metalli nobili come il rodio, il palladio e il platino, disperse sulla superficie di materiali inerti microporosi come l'allumina.

Il motivo per cui si usano particelle metalliche di dimensioni nanometriche nei processi di catalisi (e non soltanto nelle marmitte catalitiche) è che le reazioni di trasformazione di molecole in altre sostanze avvengono esclusivamente alla superficie del catalizzatore e non nel suo interno, che non viene a contatto con il gas. La particella di catalizzatore è come un frutto di cui ci serve la buccia, non la polpa.

Immaginiamo di avere una minuscola particella

cubica con 16 atomi per spigolo (figura 10). Su un totale di $16^3 = 4096$ atomi, soltanto un terzo circa (per la precisione 1352 atomi) si trova alla superficie; tutti gli altri atomi sono confinati negli strati interni. I due terzi degli atomi del metallo catalizzatore sono dunque «sprecati» ai fini della loro attività.

Se però dividiamo il nostro cubo in otto cubetti, ciascuno con spigolo di 8 atomi, avremo una situazione in cui il numero degli atomi di metallo interni si riduce a circa la metà del totale (2368 su 4096). Con un'ulteriore riduzione delle dimensioni, giungendo a cubetti con spigolo di 4 atomi e 64 atomi in totale (un

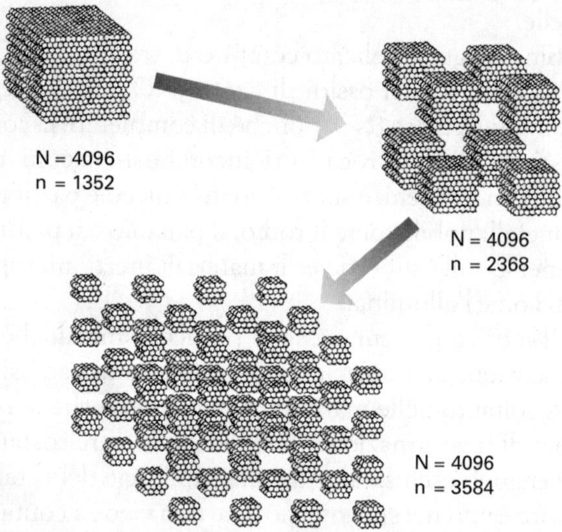

Figura 10. Quando si frammenta una particella che è formata da N atomi, il numero n degli atomi che si trovano esposti in superficie aumenta.

cluster), avremo finalmente un insieme di piccole unità di metallo in cui la quasi totalità degli atomi (3584 su 4096) risiede sulla superficie.

Se si considera che i metalli nobili usati per preparare i catalizzatori sono estremamente preziosi (il rodio è tra gli elementi più rari della crosta terrestre, circa cinquanta volte meno abbondante dell'oro), si capirà perché sia desiderabile suddividerli finemente, così da ottenere particelle sempre più piccole e più efficienti.

I nanocatalizzatori sono oggetti dalle proprietà ancora largamente inesplorate. Ma poiché sappiamo che l'efficienza di un catalizzatore è direttamente proporzionale alla sua area superficiale, è ragionevole mirare alla produzione di nanoparticelle di pochi atomi per ottenere prestazioni catalitiche nettamente più elevate, a parità di materiale utilizzato.

Un atomo in più fa la differenza

Abbiamo già visto come intorno al 1980 Richard Smalley avesse messo a punto un metodo per generare cluster gassosi e come questi possano essere selezionati a seconda delle dimensioni. Si tratta di una procedura delicata e assai importante.

Una delle speranze della nanocatalisi si basa proprio sulla possibilità di selezionare aggregati aventi tutti le medesime dimensioni. Infatti non è detto che le proprietà catalitiche di un aggregato di (poniamo) 40 atomi siano simili a quelle di un aggregato che ne contiene 39 o 41. Esistono anzi evidenze che indicano il contrario: per far variare in modo significativo l'attività catalitica, basta cambiare la dimensione del nanoaggregato anche di un solo atomo!

Se si vuole far uso diretto dei nanoaggregati nei processi catalitici, occorre depositarli su un supporto e renderli stabili evitando che si uniscano a formare unità più grandi. E qui incominciano i problemi. A causa del modo in cui sono generati, i cluster nella fase gassosa posseggono infatti un'elevata velocità e quindi molta energia cinetica, così che l'impatto con la superficie porterebbe inevitabilmente alla loro frammentazione, vanificando tutto il complesso lavoro fatto per generarli e selezionarli.

Il problema è stato a lungo considerato insolubile, a causa delle grandi difficoltà sperimentali che presenta. A riuscire per primo nell'impresa di depositare in modo «dolce» gli aggregati è stato un ricercatore svizzero, Ueli Heiz, verso la fine degli anni Novanta. Applicando un campo elettrico che rallenta le particelle, è stato possibile ridurre quasi a zero la loro velocità per evitare un impatto rovinoso con la superficie.

Questo approccio chiamato *soft-landing* (atterraggio morbido) ha permesso di depositare nanoaggregati di dimensioni ben definite, contenenti da un atomo a qualche decina di atomi di metallo, senza frammentazione e senza danni alla superficie dell'ossido sottostante.

Grazie a questi accorgimenti si è aperta una nuova strada per lo studio e la modulazione dell'attività catalitica dei nanoaggregati in funzione delle dimensioni. Si è così scoperto che basta cambiare di un solo atomo la dimensione di un aggregato per passare da una specie attiva a una completamente inerte o viceversa.

Perciò la capacità di controllare a livello atomico la dimensione e la struttura del cluster (e la natura e le proprietà dell'ossido di supporto) è l'obiettivo centrale della nanocatalisi, e potrebbe condurre a una nuova classe di catalizzatori con potenzialità ancora inesplorate. Ma la strada verso un'applicazione industriale di questi processi è ancora molto lunga.

Per i nanocatalizzatori d'oro di Haruta si sono già trovati impieghi diretti, anche se meno nobili del metallo su cui si basano: oggi li si utilizza per depurare l'aria nelle toilette, perché sono molto efficienti nel «demolire» le molecole organiche responsabili degli odori sgradevoli, eliminandoli. Per quanto possa sembrare futile, questa applicazione ha già un mercato considerevole; per dirla con il pragmatico imperatore Vespasiano, *non olet*.

Le superfici autopulenti

Tra i prodotti commerciali che per primi hanno utilizzato i vantaggi delle nanoparticelle ci sono i «futili» cosmetici, dove un ruolo molto importante è svolto da una sostanza abbastanza comune: il biossido di titanio (TiO_2).

Il caso del biossido di titanio illustra in modo ideale come le proprietà di un materiale possano variare con le dimensioni. Da decenni si producono grandi quantitativi di polvere di TiO_2 formata da particelle di 300-500 nm di diametro, che per il loro caratteristico colore bianco tornano utili nelle vernici, negli smalti, nell'industria cartaria.

Al di sotto dei 50 nm le particelle di TiO_2 da bianche diventano completamente trasparenti alla luce solare; ciò le rende di grande interesse per l'industria cosmetica che le utilizza per la preparazione di creme solari. Queste nanoparticelle infatti non assorbono la luce visibile, che raggiunge la pelle consentendo una buona abbronzatura, mentre assorbono i raggi ultravioletti che danneggerebbero i tessuti cellulari.

Rispetto alle sostanze organiche usate in passato nelle creme solari, le nanoparticelle di TiO_2 si sono rivelate molto più stabili nel tempo e non producono effetti collaterali indesiderati perché non sono assorbite dalla pelle. Da quando la società giapponese Shiseido ne ha brevettato l'uso nelle creme solari, il loro impiego è costantemente migliorato e oggi sono praticamente insostituibili in prodotti con livello di protezione superiore a 15.

La capacità di proteggere dalla radiazione ultravioletta fa delle nanoparticelle di TiO_2 un materiale di grande interesse anche per l'industria tessile e per l'edilizia; ad esempio le si può usare per rivestire le parti in legno esposte agli agenti atmosferici. Certamente però l'interesse maggiore per questo ossido è legato a due applicazioni di ben altra portata: una è la produzione di celle solari di nuova generazione, di cui parleremo più avanti; l'altra è l'uso in campo ambientale, dove si sfrutta il fenomeno della *fotocatalisi*.

Questo è un processo che usa l'energia della radiazione solare per eccitare elettroni di un materiale dagli stati occupati (la *banda di valenza*) a quelli vuoti (la *banda di conduzione*), lasciando al tempo stesso «buche» o *lacune* (centri di carica positiva) là dove i fotoni hanno eccitato gli elettroni.

Ciò che è interessante è che le cariche elettriche, gli elettroni e le corrispondenti lacune, migrano poi fino alla superficie della particella dove interagiscono chimicamente con le molecole gassose assorbite (inquinanti atmosferici come idrocarburi o ossidi di azoto) che vengono demolite e rimosse in modo efficace sfruttando esclusivamente una fonte di energia, quella solare, gratuita e naturalmente disponibile.

Sono già in commercio vernici o paste cementizie addizionate di nanoparticelle di TiO_2 che fungono proprio da catalizzatori autopulenti, rimuovendo parte degli inquinanti che si depositano su una parete.

C'è però un problema: le nanoparticelle di biossido di titanio, come dicevamo, sono trasparenti alla luce visibile mentre assorbono i raggi ultravioletti. Dunque la maggior parte dell'energia radiante proveniente dal sole le attraversa senza essere catturata; soltanto la parte ultravioletta dello spettro è efficace nell'eccitare gli elettroni, riducendo l'efficienza. Quello che nei cosmetici è un vantaggio in sostanza diventa uno svantaggio nella fotocatalisi.

Per questo si stanno studiando metodi per modificare le proprietà di assorbimento delle nanoparticelle di TiO_2 così da aumentare la porzione di spettro di radiazione che esse assorbono. Si può per esempio «drogare» il materiale introducendo atomi diversi, tracce di azoto, carbonio o di altri elementi che, alterando la posizione dei livelli energetici, riducono l'energia necessaria agli elettroni per saltare dagli stati pieni a quelli vuoti. Quando si riuscirà a far sì che le nanoparticelle assorbano la luce visibile in modo efficace si potrà incrementare moltissimo l'attività chimica autopulente.

Sono allo studio anche altre applicazioni delle nanoparticelle nel settore ambientale. Un'idea per esempio è quella di iniettare particelle di ossido di ferro (sì, proprio la vecchia e cara ruggine) in terreni contaminati da pesticidi, eccesso di fertilizzanti o metalli pesanti. Le nanoparticelle si diffondono nel terreno disperdendosi nell'acqua e, grazie alla loro elevata reattività, ripuliscono dalle sostanze inquinanti. La prospettiva è interessante perché produrre particelle di ossido di ferro costa poco, ma è importante controllare appieno la chimica del processo per evitare la formazione di altre sostanze indesiderate.

Le tante applicazioni delle nanoparticelle

Tra tutti i processi nanotecnologici attuali, la produzione di nanoparticelle è sicuramente quella che richiede gli investimenti più contenuti. In farmacologia le si usa per molti medicinali; sono già in commercio per esempio prodotti antibatterici per la medicazione di ferite e abrasioni, come un disinfettante spray che contiene nanoparticelle a base di argento con forte azione sterilizzante.

La tabella 2 elenca alcune applicazioni attuali e future di nanoparticelle di vari materiali (fonte: Nanotoday, dicembre 2003).

Tabella 2. Applicazioni di nanoparticelle e nanostrutture.

SETTORE	applicazioni già diffuse	in arrivo sul mercato	in fase di sviluppo
ENERGIA	catalizzatori per auto	catalizzatori ambientali	Ni e idruri metallici nanocristallini per batterie celle solari basate su TiO_2 e coloranti organici idruri metallici per immagazzinare idrogeno catodi e anodi per celle a combustibile
MEDICO	Ag come antibatterico e disinfettante ZnO come fungicida Au come marcatore in diagnostica agenti di contrasto a base di ossidi di ferro	creme solari contenenti TiO_2 e ZnO trasportatori per farmaci a bassa solubilità in acqua	farmaci nanocristallini a più facile assorbimento nanosfere per inalare farmaci promotori di crescita ossea rilevamento di virus mediante punti quantici rivestimenti in idrossiapatite per impianti ossei
MATERIALI	polimeri e compositi rinforzati rivestimenti spray contenenti TiO_2 o TiC inchiostri basati su polveri metalliche imballaggi con silicati vetri antinebbia e anticondensa al TiO_2 tessuti idro-repellenti scioline palle e racchette da tennis contenenti nanoargille	rivestimenti resistenti all'abrasione basati su allumina materiali polimerici compositi rinforzati con argille additivi per lubrificanti pigmenti vetri autopulenti basati su TiO_2 propellenti a base di alluminio rivestimenti anti-riflesso	oggetti da taglio per materiali molto duri basati su WC, TaC, TlC silici nanoporose (aerogel) per isolanti ad alta efficacia sensori chimici setacci molecolari
PROTEZIONE AMBIENTALE	prodotti sanitari trattamento di terreni con ossidi di ferro	trattamento delle acque con fibre di allumina e fotocatalisi con TiO_2	
ELETTRONICA	materiali per rivestimenti e contatti per fibre ottiche	dispositivi opto-elettronici ceramici drogati con terre rare tessuti e rivestimenti conduttori	particelle magnetiche per *storage* ad alta densità circuiti elettronici basati su rame e alluminio schermi e dispositivi basati su ossidi conduttori

Fonte: Nanotoday, dicembre 2003.

Tra le applicazioni già in atto e quelle allo studio, ogni anno si producono nel mondo migliaia di tonnellate di nanoparticelle, destinate soprattutto ai sistemi per registrazione magnetica, alle creme solari, ai catalizzatori per automobili.

Questa produzione su larga scala apre la strada a possibili problemi: basti pensare che un solo grammo di nanoparticelle di alluminio con diametro di 100 nm contiene più di 100 000 particelle per ogni essere umano presente sulla Terra!

La dispersione di nanoparticelle nell'ambiente può quindi diventare un fenomeno diffuso, e in molti casi esse possono penetrare e muoversi liberamente all'interno degli organismi viventi, tanto che si pensa di sfruttarle in campo medico proprio per queste caratteristiche.

È comprensibile allora che sorga qualche inquietudine: le nanoparticelle potrebbero essere dannose per il nostro organismo? La questione è seria e non può essere sottovalutata. Torneremo a parlarne più avanti, quando esamineremo i rischi connessi alle nanotecnologie.

1. Rich Smalley, lo scopritore dei fullereni, con in mano una soluzione contenente C_{60} e in primo piano la struttura di tale molecola. Per questa scoperta Smalley ha ricevuto il premio Nobel nel 1996 insieme a Curl e Kroto. Prematuramente scomparso nel 2005, Smalley è universalmente considerato uno dei fondatori delle nanotecnologie.
Foto: Rice University – The Smalley Group.

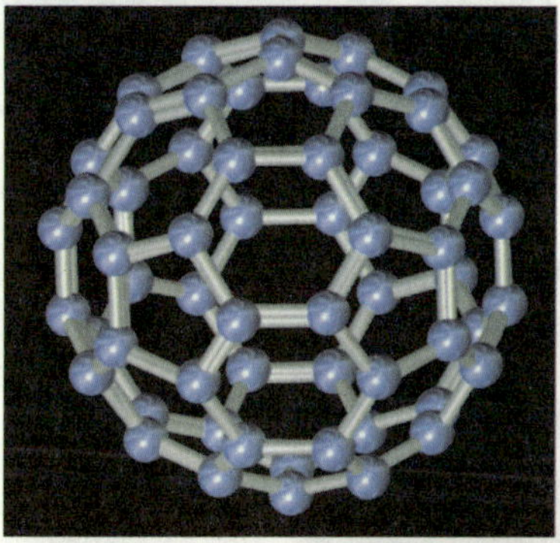

2. Una rappresentazione grafica della struttura tridimensionale della molecola sferica del C_{60} ad altissima simmetria (buckminsterfullerene, nota anche in gergo come *buckyball*).
Illustrazione: Oak Ridge National Laboratory.

3. Un nanotubo di carbonio a parete singola visto dall'interno, in un'immagine ricostruita al computer. Le sfere dorate rappresentano gli atomi di carbonio tenuti insieme da stabili legami chimici.
Per gentile concessione di Stefan Heinze, Università di Amburgo.

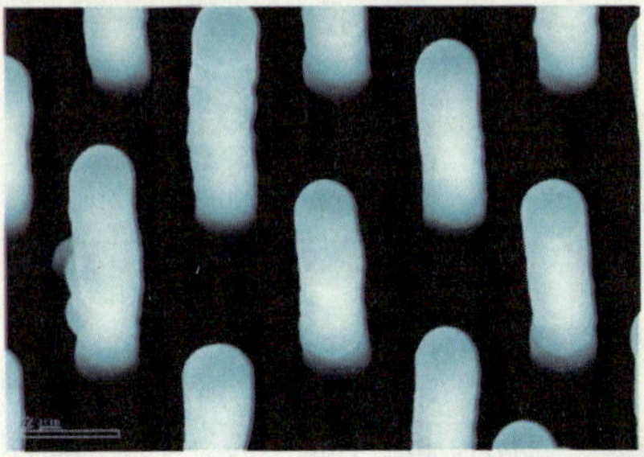

4. Nanotubi di carbonio separati da una matrice di silice, ottenuti con un processo di crescita «bottom-up», che sono utilizzabili per connessioni elettriche in applicazioni microelettroniche.
Foto: NASA.

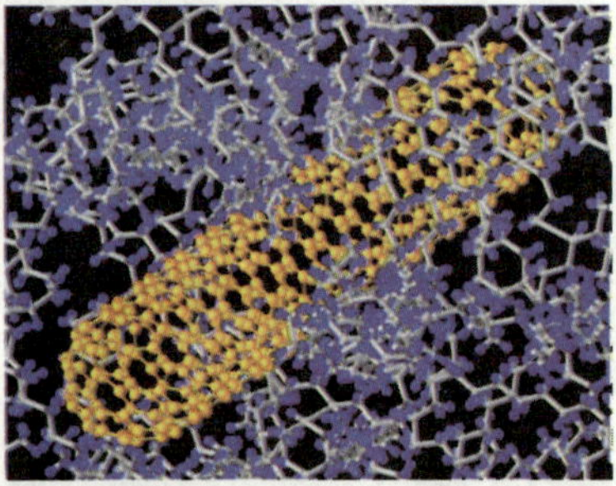

5. Miscelando un polimero organico con nanotubi di carbonio si ottiene un materiale composito dalle speciali proprietà meccaniche. La struttura dei legami carbonio-carbonio del polimero è rappresentata in bianco con gli atomi di idrogeno in blu, mentre gli atomi di carbonio del nanotubo sono in giallo.
Illustrazione: NASA.

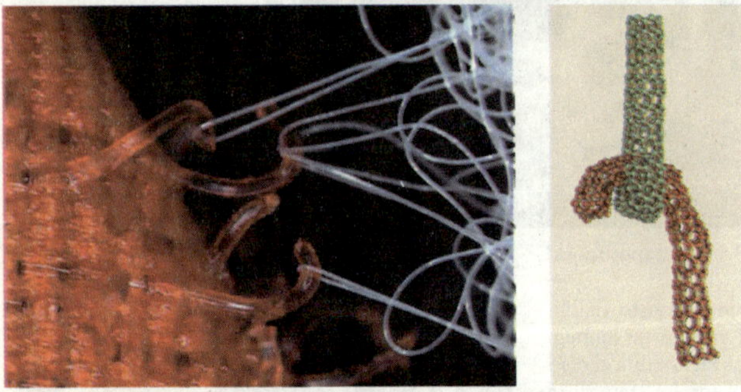

6. A sinistra: il comune velcro in un'immagine al microscopio ottico; piccoli uncini di materiale plastico agganciano fili di nylon sul lembo opposto; sotto trazione, gli uncini si piegano e i fili si staccano. (Per gentile concessione di Tracy E. Anderson, College of Biological Sciences, St. Paul, Minnesota, USA).
A destra: rappresentazione al computer di un nano-velcro che utilizza nanotubi di carbonio sia per gli uncini sia per gli anelli; per effetto di un debole riscaldamento gli uncini si «aprono» liberando l'anello. (Per gentile concessione di David Tomanek, Michigan State University, USA).

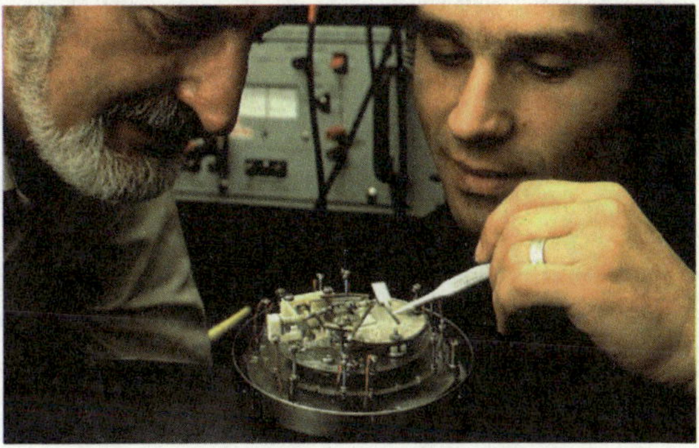

7. Heinrich Rohrer, a sinistra, e Gerd K. Binnig, a destra, hanno ricevuto il premio Nobel per la fisica nel 1986 per la messa a punto del microscopio a scansione a effetto tunnel (STM), che ha consentito per la prima volta non soltanto di «vedere» gli atomi, ma anche di manipolarli e spostarli a piacere. Nello stesso anno Binnig inventava un altro importante strumento per osservare la materia a livello atomico, il microscopio a forza atomica o AFM.
Foto per gentile concessione dell'IBM Zurich Research Laboratory. È vietato l'uso non autorizzato.

8. Una rappresentazione artistica del funzionamento di un microscopio STM. Gli elettroni (in azzurro) attraversano per effetto tunnel il vuoto che separa la punta dagli atomi (le protuberanze in basso) della superficie di cui si vuole ottenere l'immagine. Illustrazione: Commissione Europea, Direttorato Ricerca.

9. Immagine reale in falsi colori di una superficie di nichel ottenuta con un microscopio STM ad alta risoluzione. Ogni cono è un singolo atomo di nichel della superficie.
Foto: Don Eigler, per gentile concessione della International Business Machines Corporation, copyright © IBM Corporation.

10. Un «recinto quantistico» (*quantum corral*) ottenuto disponendo uno alla volta 48 atomi di ferro su una superficie di rame con la punta di un microscopio STM, in un esperimento pubblicato nel 1993 sulla rivista Science da Don Eigler e collaboratori. Il recinto ha un diametro di 14 nanometri e al suo interno si generano onde stazionarie dovute a fenomeni di interferenza, come previsto dalla teoria dei quanti. Foto: Don Eigler, per gentile concessione della International Business Machines Corporation, copyright © IBM Corporation.

11. La superficie di un cristallo di particelle del virus del mosaico del tabacco, ripresa con un microscopio a forza atomica (AFM). Ogni protuberanza corrisponde a una particella del virus; la figura ne mostra un centinaio, ognuna grande circa 16 nanometri. Foto per gentile concessione di Alexander McPherson, University of California at Irvine.

12. Le punte di questo «millepiedi» realizzato dall'IBM sono progettate per immagazzinare dati con una tecnologia completamente diversa da quella dei supporti magnetici: l'informazione è codificata creando o cancellando una depressione di circa 50 nanometri in un supporto polimerico. Il «millepiedi» di ultima generazione contiene 4096 punte in un'area di $6{,}4 \times 6{,}4$ mm^2. Immagine per gentile concessione della International Business Machines Corporation, copyright © IBM Corporation.

13. Gli inventori del transistor William Shockley (seduto), John Bardeen e Walter Brattain, in una foto del 1948. Ai tre fu assegnato il premio Nobel per la fisica nel 1956. Bardeen nel 1972 ottenne un secondo Nobel, insieme a Cooper e Schriffer, per la teoria della superconduttività: è l'unica persona ad aver ricevuto due Nobel nella stessa disciplina.
Foto: AT&T Corporation.

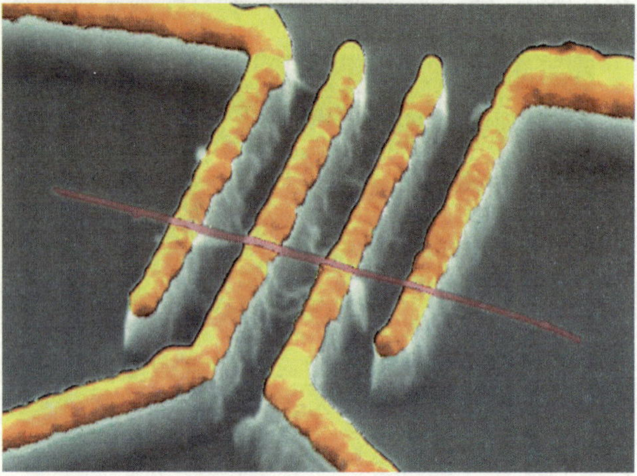

14. Fotografia al microscopio elettronico a scansione che mostra un sottile nanotubo di carbonio (in viola) deposto su quattro elettrodi di rame (in giallo) che distano circa 300 nanometri l'uno dall'altro. Questi sistemi sono studiati per le loro potenzialità nella messa a punto di nuovi dispositivi per applicazioni in microelettronica.
Per gentile concessione di Christian Schönenberger, Swiss Nanoscience Institute, Università di Basilea.

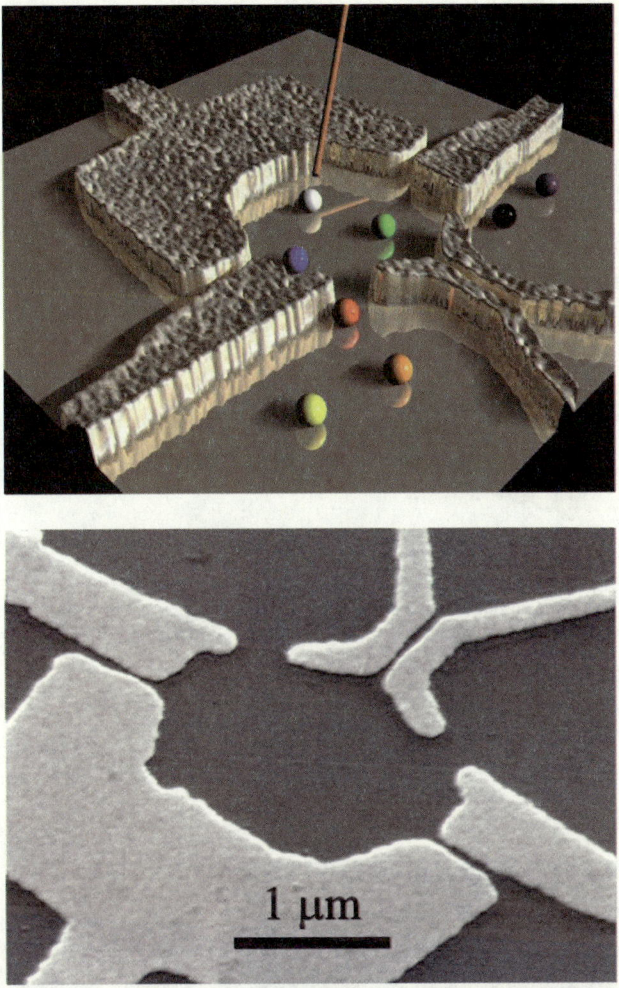

15. Una rappresentazione artistica e un'immagine reale al microscopio elettronico di un «biliardo» realizzato con un punto quantico (*quantum dot*) e consistente in una cavità in cui gli elettroni (in vari colori) rimbalzano come palle da biliardo contro le pareti. La struttura è stata fabbricata su una superficie di arseniuro di gallio, GaAs.
Per gentile concessione di Christian Schönenberger, Swiss Nanoscience Institute, Università di Basilea.

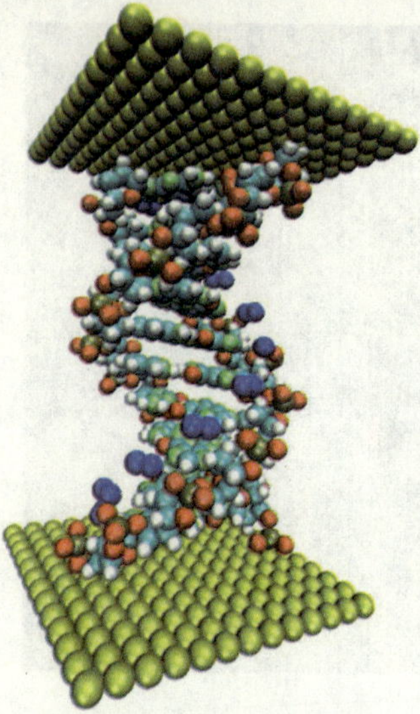

16. Una molecola di DNA appositamente modificata potrebbe funzionare come contatto tra due elettrodi metallici (in giallo) in un dispositivo per elettronica molecolare.
Ci si aspetta che nei prossimi decenni nanostrutture molecolari come questa possano rivoluzionare il mondo dell'elettronica e sostituire i tradizionali transistor a base di silicio.
Illustrazione: NASA.

17. I *magneti molecolari* offrono interessanti prospettive per immagazzinare informazione. Il nocciolo della molecola – che contiene dodici atomi di manganese in due stati di ossidazione (Mn^{IV}, in giallo, e Mn^{III}, in verde) e dodici atomi di ossigeno (in rosso) – può essere considerato un frammento di ossido di manganese.

Per gentile concessione di Dante Gatteschi e Roberta Sessoli, Dipartimento di Chimica, Università di Firenze.

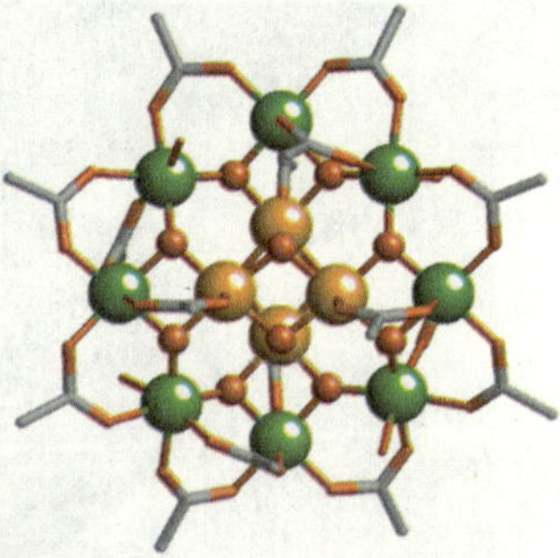

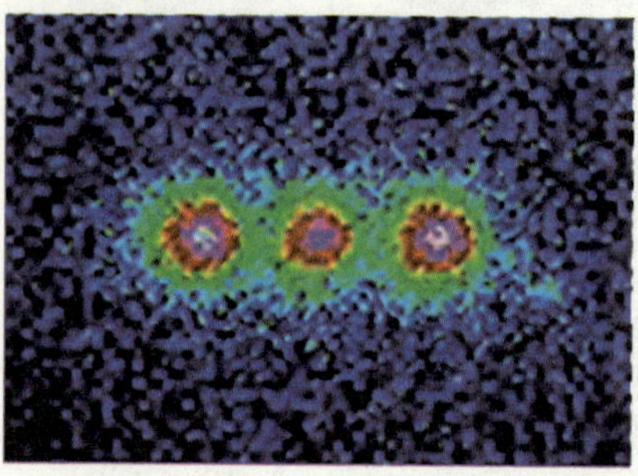

18. La fluorescenza di tre ioni berillio irraggiati con luce laser ultravioletta. Gli scienziati utilizzano questi insiemi di ioni per dimostrare uno stadio cruciale nella messa a punto dei futuri computer quantistici.
Foto: National Institute of Standards and Technology, USA.

19. Le vetrate delle antiche cattedrali – come queste di Nôtre-Dame a Parigi, fabbricate intorno al 1250 – sono vivacemente colorate. Per ottenere il colore rosso i maestri vetrai dell'epoca disperdevano polvere di oro nel vetro fuso; oggi sappiamo che l'effetto è dovuto alla presenza di nanoparticelle di oro nel vetro.
Foto Jorge Felix Costa/Shutterstock.

20. Sul finire del Quattrocento si sviluppa a Deruta, in Umbria, la produzione di ceramiche «a lustro»: si applicano finiture dorate agli oggetti che sono poi cotti «a terzo fuoco», a bassa temperatura e in atmosfera riducente. Soltanto di recente si è scoperto che l'arte del lustro si basa sulle proprietà ottiche di nanoparticelle di metalli in una matrice vetrosa: una nanotecnologia *ante litteram*.
Itinerario umbro dell'Artigianato d'Arte, 2005.

21. Questa immagine ottenuta con un microscopio elettronico a scansione (SEM) mostra nanoparticelle di ossido di magnesio di forma cubica, sulla cui superficie sono state deposte altre particelle ancora più piccole di oro.
Immagini di questo tipo rivelano la struttura e la forma delle nanoparticelle e la topografia della loro superficie.
Foto: National Institute of Standards and Technology, USA.

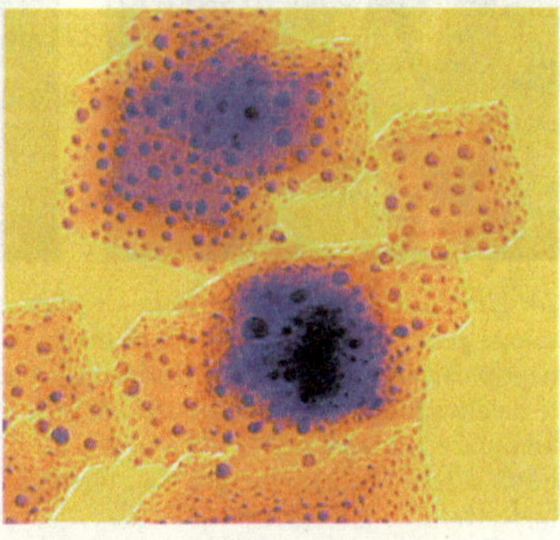

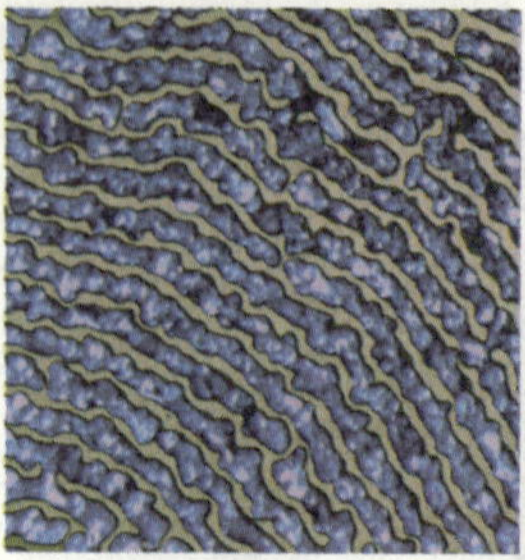

22. Un insieme di nanofili di argento (in blu) preparati con tecniche di auto-assemblaggio, in un'immagine in falsi colori ottenuta con un microscopio elettronico a trasmissione (TEM). I nanofili distano tra loro circa 50 nanometri e sono separati da un materiale polimerico (in grigio).
Per gentile concessione di Heinrich M. Jäger e Ward Lopes, Università di Chicago.

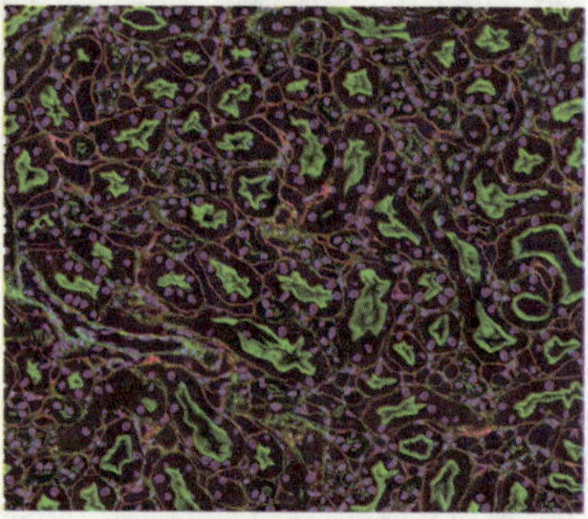

23. La possibilità di incorporare punti quantici fluorescenti (in verde e rosso) nelle cellule viventi di un topo (in viola) fa sì che la trascrizione di proteine e lo sviluppo di microrganismi diventino visibili da un microscopio provvisto di opportuni filtri.
Per gentile concessione di T. J. Deerinck, National Center for Microscopy and Imaging Research, Università della California.

24. L'inclusione di nanoparticelle di silice nelle mescole dei pneumatici di nuova generazione ne aumenta di molto le prestazioni. L'uso massiccio di nanoparticelle in applicazioni industriali, che si aggiungono a quelle prodotte da altre fonti come la combustione, suscita preoccupazioni in campo ambientale e per la salute.
Foto: Alfredo Schaufelberger/Shutterstock (a sinistra) e Cloki/Shutterstock (a destra).

25. Tra le applicazioni più promettenti delle nanotecnologie ci sono i LED (*light-emitting diode*), il cui bulbo è costituito da un piccolo dispositivo elettronico formato da un sottile diodo semiconduttore. I LED hanno durata elevata e consumano fino al 90% in meno rispetto a una normale lampadina a incandescenza; rappresentano la prossima generazione di sorgenti luminose destinate a rivoluzionare il modo in cui illuminiamo le case e le città. Foto: Laurentiu Merfu/Shutterstock.

26. Una particolare applicazione dei LED a luce rossa è nella promozione della crescita di tessuti cellulari. I biologi hanno dimostrato che le cellule esposte a radiazione infrarossa possono crescere 150–200 volte più velocemente rispetto a cellule non stimolate dalla luce. Foto: B. Himelhoch, NASA Marshall Space Flight Center, Medical Center Graphics Inc.

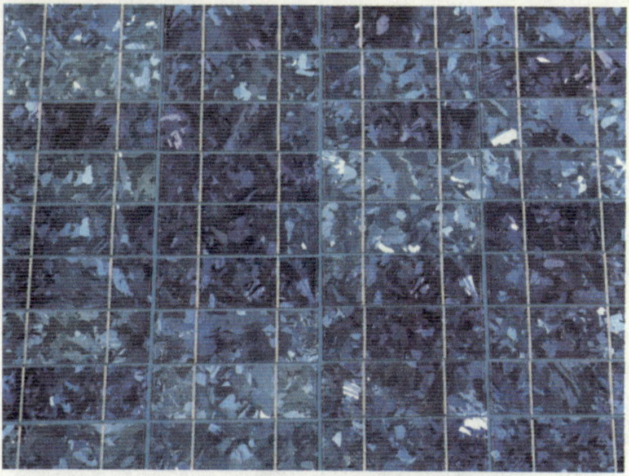

27. Le celle fotovoltaiche trasformano la luce in energia elettrica, ma quelle oggi in commercio convertono soltanto il 12-15% dell'energia solare assorbita, e sono costose per via dei complessi processi di raffinazione e produzione del silicio cristallino. La ricerca in nanotecnologia punta a migliorare l'efficienza introducendo celle basate su silicio nanostrutturato o a film sottile oppure su materiali completamente diversi, come nanoparticelle di ossido di titanio opportunamente modificate. Foto: Joe Gough/Shutterstock.

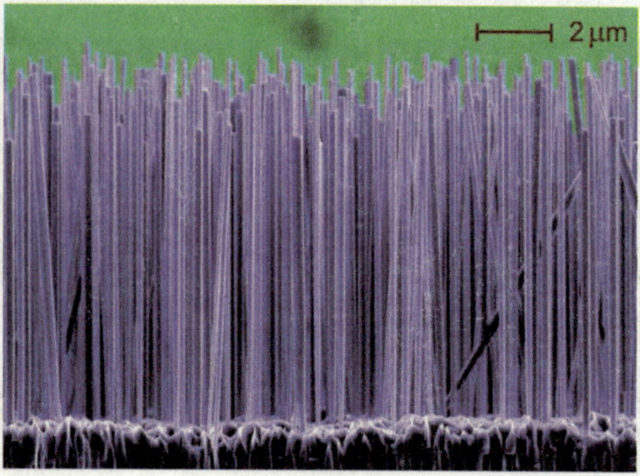

28. Un insieme di nanofili che emettono luce ultravioletta ottenuti come parte di un progetto volto alla produzione di nanolaser. Questa immagine al microscopio elettronico mostra nanofili di nitruro di gallio cresciuti su un substrato di silicio.
Foto: L. Mansfield, National Institute of Standards and Technology, USA.

29. L'aerogel azzurro di questa foto è una sostanza solida a base di ossido di silicio, al cui interno sono presenti miriadi di piccolissimi pori di dimensione nanometrica. L'aerogel è dunque leggerissimo e quasi trasparente, essendo composto per il 99,8% di aria e soltanto per il 2 per mille di materiale vetroso; sopporta altissime temperature ed è un ottimo isolante termico.
Foto: National Institute of Standards and Technology, USA.

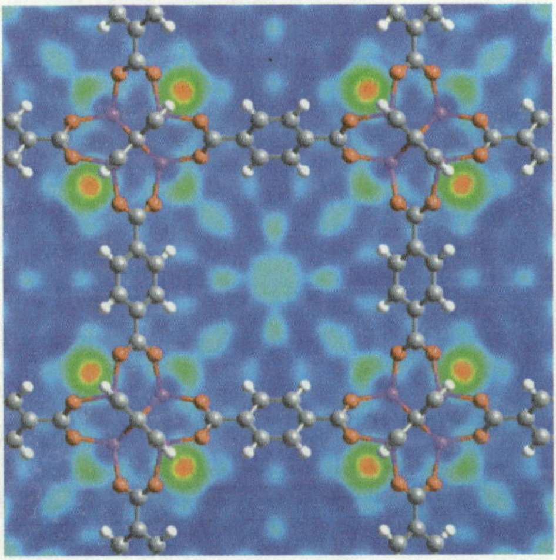

30. I reticoli metallo-organici o MOF (*metal-organic framework*) sono materiali nanoporosi studiati come potenziali «serbatoi» per immagazzinare idrogeno come combustibile per veicoli. Qui la struttura del MOF, sovrapposta a un'immagine ottenuta con la tecnica detta *scattering di neutroni*, mostra come le molecole di idrogeno (zone rosso-verdi) si legano alla struttura del reticolo.
Foto: T. Yildirim, National Institute of Standards and Technology, USA.

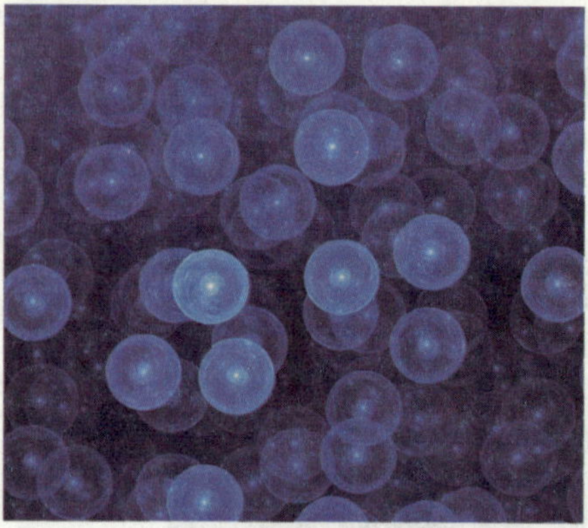

31. La riproduzione del funzionamento di una cellula e dei suoi organelli, per esempio i ribosomi che presiedono alla sintesi proteica, rappresenta una delle sfide principali per le nanobiotecnologie. La foto mostra cellule-uovo viste al microscopio.
Foto: sgame/Shutterstock.

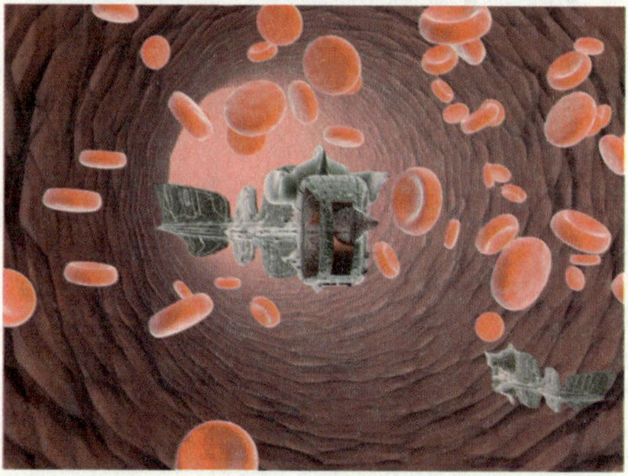

32. La possibilità di intervenire chirurgicamente a livello cellulare attraverso l'uso di microscopici nanorobot ha stimolato la fantasia degli scrittori di fantascienza. Questa idea è alla base della ricerca di sistemi in grado di rilasciare farmaci in modo mirato e di sofisticate nanomacchine molecolari capaci di riparare localmente le cellule malate senza danneggiare quelle sane.
Illustrazione: Christian Darkin/Shutterstock.

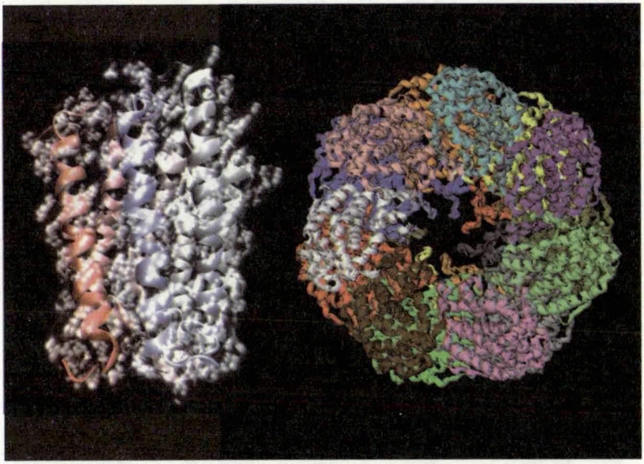

33. La sintesi delle proteine (a sinistra la struttura della rodopsina, coinvolta nella visione, e a destra quella della GroEl, una proteina batterica) avviene grazie ai ribosomi, macchine perfette che partendo da semplici mattoni (gli amminoacidi) costruiscono strutture complesse con funzioni precise. La sintesi delle proteine ha ispirato Erich Drexler, uno dei primi fautori delle nanotecnologie, portandolo a formulare l'ipotesi – per ora fantascientifica – dei nano-assemblatori e dei replicatori.
Illustrazioni: Mark Lorch/Shutterstock.

34. Una rappresentazione grafica di un *dendrimero*, un polimero molto ramificato con struttura «stellare». I dendrimeri possono essere opportunamente modificati alle estremità («funzionalizzati») per trasportare e rilasciare in modo mirato farmaci nell'organismo.
Per gentile concessione di S. Emery Scheibert, Dendritech Inc., Midland Michigan, USA.

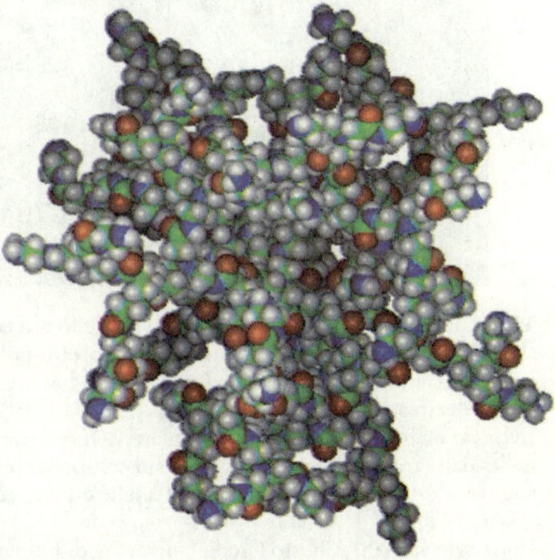

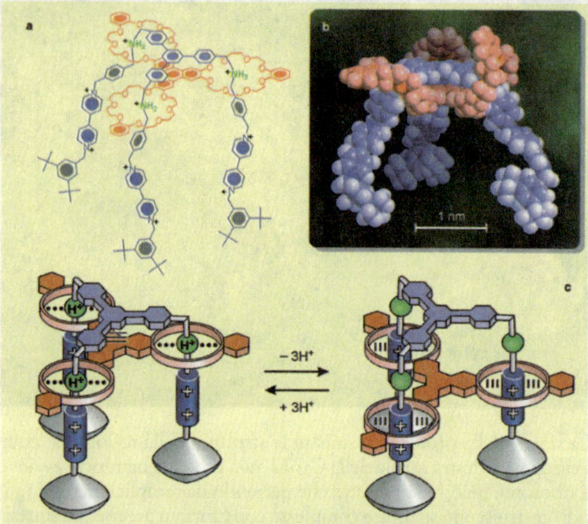

35. In alto la formula di struttura (a), il modello molecolare tridimensionale (b) e lo schema di funzionamento (c) di un prototipo di «ascensore molecolare» azionato da una reazione chimica acido-base. Il dispositivo ha un diametro di circa 3,5 nm ed è alto 2,5 nm.
In basso un nanomotore a energia solare: la luce aziona il movimento dell'anello giallo tra due «stazioni» situate sul componente filiforme azzurro e distanti fra loro 1,3 nm. Il diametro dell'anello è 1,4 nm e l'intero motore è lungo circa 6 nm.

CAPITOLO 7

Piccolo è bello: il mondo delle nanostrutture

Si vide spuntare dal piano del vassoio una barretta metallica a sezione quadrata: cresceva lentamente e regolarmente, come se provenisse dal di sotto già bella e formata. Presto ne spuntarono altre quattro, disposte a croce intorno alla prima; si formarono quattro ponticelli che le congiunsero con questa; e poi, via via, apparvero altre barrette, tutte di ugual sezione, alcune verticali ed altre orizzontali, ed alla fine sul vassoio stava un piccolo grazioso edificio lucente, dall'aspetto solido e simmetrico.

Primo Levi, «Psicofante»,
in *Vizio di forma*

Ai suoi concittadini di Gotha, una ridente cittadina nel cuore della Germania, Wolfgang-Dietrich Dellit doveva sembrare davvero un personaggio singolare, ai limiti dell'eccentrico. La sua passione, per non dire ossessione, era infatti stabilire quale fosse il meccanismo grazie al quale il geco, un piccolo rettile grande come una lucertola, riesce ad arrampicarsi sui muri o addirittura a camminare su un soffitto. Non che lui, negli anni intorno al 1930, fosse il primo a occuparsi del problema. Esistevano già alcune teorie in proposito. C'era chi sosteneva che il geco secerne una colla, chi diceva che sulle sue dita ci sono delle microscopiche ventose. Dellit non credeva a nessuna di queste ipotesi. Il geco non ha un tessuto ghiandolare e non può produrre una secrezione collosa. Anche l'ipotesi delle ventose non piaceva a Dellit, che per dimostrarne l'infondatezza provò che il geco restava attaccato alle pareti anche in un recipiente in cui era stato fatto il vuoto (le cronache non riportano quale fu la sorte della povera bestiola). Altri ritenevano che il geco si attaccasse ai muri per effetto di forze elettrostatiche, ma anche in questo caso Dellit escogitò un esperimento per confutare questa tesi. Introducendo una superficie metallica in aria ionizzata da una sorgente di raggi X eliminò l'accumulo di cariche elettrostatiche, il che non impediva al geco di restare ben attaccato alle pareti.

Dellit era un assertore della teoria dei microincastri, ossia del fatto che le sottili estremità sulle zampe del geco agiscono come sorte di «ganci» sulla superficie. Ma anche la sua ipotesi era destinata al fallimento. Ci fu infatti chi dimostrò che il geco resta attaccato anche a una superficie liscia come quella del vetro smerigliato, demolendo così il lavoro di Dellit.

Le sorprendenti zampe del geco sono dunque oggetto di attenzione da lungo tempo. Già intorno al 1870 si era notato che i suoi «polpastrelli» sono ricoperti di minuscole setole. All'inizio del Novecento con il microscopio ottico si osservò che le setole hanno ramificazioni più piccole. Solo negli anni Cinquanta però, grazie al microscopio elettronico, si scoprì che da ogni ramificazione partono centinaia di altre diramazioni, e che queste terminano in estremità appiattite, simili a minuscole spatole di dimensioni nanometriche, come mostra la figura 11.

E questo ha permesso di identificare quello che probabilmente è il vero meccanismo dell'adesione. Secondo quanto proposto nel 2002 da Kellar Autumn, giovane biologo statunitense, esso è del tutto differente da quelli ipotizzati in passato, e si basa sulle debolissime interazioni tra le molecole che i fisici chiamano *forze di Van der Waals*. Per capire la natura di queste forze e il ruolo fondamentale che svolgono nelle nanotecnologie, occorre fare un passo indietro.

Sappiamo che gli atomi si legano chimicamente tra loro formando molecole (come l'anidride carbonica o l'acqua) o solidi (come il ferro o il diamante). Ma

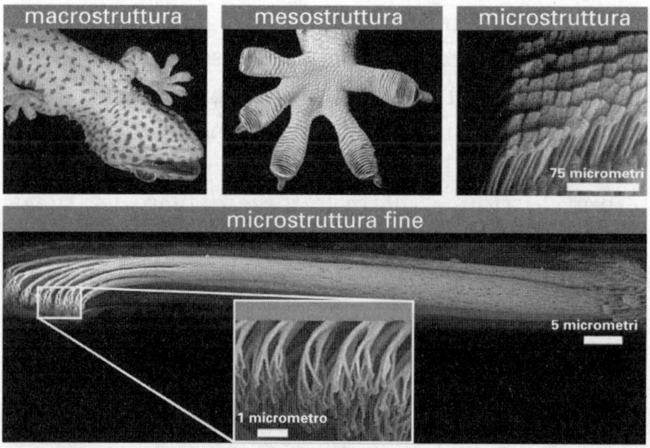

Figura 11. La struttura delle zampe del geco. Foto per gentile concessione di Kellar Autumn, Lewis & Clark College, Portland, Oregon, USA. Copyright © 2000-2007 K. Autumn.

che tipi di forze si instaurano tra molecola e molecola? Due molecole di anidride carbonica, CO_2, tendono almeno un po' a legarsi tra loro oppure sono del tutto «indifferenti» l'una all'altra?

La questione assunse enorme importanza alla fine dell'Ottocento, quando si effettuarono i primi studi fondamentali sulla liquefazione dei gas e sul raggiungimento di temperature bassissime: era la corsa verso lo zero assoluto, 0 K. Quando si riduce la temperatura le sostanze normalmente gassose passano allo stato liquido, dove le molecole sono a contatto molto più stretto. Questo fenomeno è dovuto proprio alle debolissime forze attrattive intermolecolari che si instaurano quando le molecole sono vicinissime tra loro e portano il nome di Johannes Van der Waals, un fisico olandese che descrisse il comportamento dei gas alle basse temperature.

A temperature più elevate, e spesso già a temperatura ambiente, l'intenso moto di agitazione termica impedisce alle molecole di restare molto vicine tra loro, ma quando la temperatura scende e l'agitazione termica si riduce, allora le forze di Van der Waals hanno il sopravvento e fanno aggregare le molecole.

La forza di attrazione tra due molecole è talmente piccola che, anche volendo, non riusciremmo a misurarla. Ma se invece di due molecole ne consideriamo tantissime, per esempio un numero di Avogadro, allora la forza complessiva diventa apprezzabile. E permette al geco di «appendersi» ai muri.

Ogni spatola triangolare all'estremità delle setole nelle zampe del geco è larga circa 200 nm, e quando è a contatto con una superficie risente di una forza di Van der Waals pari a circa 7 milionesimi di newton, un'intensità minuscola. Le setole però sono circa 14 000 per millimetro quadrato, e l'area di contatto complessiva tra il geco e la parete supera i 200 mm^2 (la faccia di una moneta da 1 euro). In totale dunque si appoggiano circa tre milioni di spatole.

L'effetto complessivo delle forze di Van der Waals tra tutte le spatole e la superficie di appoggio, perciò, è una forza di attrazione pari a circa 20 newton, capace di sostenere un peso di 2 kg. Poiché un geco pesa soltanto cinquanta grammi, è chiaro allora che esso si muove sul soffitto con la stessa sicurezza con cui noi camminiamo sul pavimento: potrebbe restare attaccato anche appendendosi per un dito solo!

La nanostrutturazione delle setole delle zampe consente dunque al geco di aderire in modo molto efficace, senza fare uso di colle e senza applicare forze esterne.

Quello che non si è ancora compreso del tutto è come il geco riesca a muoversi, attivando e disattivando rapidamente le deboli forze di contatto. Probabilmente è capace di variare a comando l'inclinazione delle sue nano-spatole.

Per i ricercatori la riproduzione di questo fenomeno è di grande interesse sia per applicazioni a livello nanometrico (come sollevare, spostare o allineare sensori o motori miniaturizzati) sia per costruire macchine in grado di aderire a superfici «impossibili».

Oggi anche le più sofisticate setole «sintetiche» prodotte in laboratorio sono piuttosto primitive, se confrontate con quelle del geco. Ma quando impareremo a simularle accuratamente, allora potremo usarle per rivestire le suole delle scarpe e riusciremo impunemente a camminare appesi al soffitto a testa in giù.

Energia a prezzo di saldo

L'esempio del geco e delle sue dita superadesive dimostra che si possono ottenere risultati strabilianti mettendo assieme un gran numero di oggetti di dimensioni piccolissime, ciascuno con una sua funzione specifica e identica alle altre: mentre l'effetto del singolo elemento è trascurabile, l'insieme assume proprietà speciali e interessanti. Insomma, l'unione fa la forza. La progettazione e la preparazione di *materiali nanostrutturati* di questo tipo, o *nanostrutture*, è uno dei temi centrali delle nanotecnologie.

Se nel caso delle nanoparticelle l'ordine relativo dei singoli elementi è abbastanza ininfluente, spesso invece nelle nanostrutture il modo in cui questi sono disposti diventa determinante. Sono state progettate per esempio superfici vetrose che consentono di vedere meglio grazie a una struttura regolare a «nodi» (simili a bottoncini disposti in file simmetriche) che evita i fastidiosi riflessi di luce sugli schermi e sui vetri delle automobili. Come si è giunti a questo risultato? Ispirandosi all'occhio della tarma che è fatto nello stesso modo, il che la aiuta a vedere bene di notte senza essere vista.

Il settore dove si ripongono più speranze di innovazione grazie alle nanostrutture è quello dell'energia. Nel 2005 meno del 20% dell'energia prodotta al mondo proveniva da fonti rinnovabili. La speranza è di aumentare notevolmente questa quota, per esempio attraverso processi efficienti di conversione dell'energia solare, in particolare grazie all'effetto fotovoltaico, ossia alla capacità di alcuni materiali di generare corrente elettrica quando esposti alla luce. Concettualmente il processo è simile a quello che abbiamo visto parlando di fotocatalisi, ma in questo caso gli elettroni e le «buche» generate per azione della luce sono sfruttati per produrre corrente elettrica.

Il fotovoltaico è già oggi utile per produrre energia in luoghi isolati, dove la connessione a una rete elettrica sarebbe molto costosa. Purtroppo però allo stato attuale il suo costo è 5-6 volte superiore rispetto alle fonti energetiche tradizionali. La ragione è che i pannelli solari fotovoltaici usano silicio mono- o policristallino, da cui vengono tagliati sottili strati spessi 0,2-0,3 mm. Il processo per produrre il silicio cristallino è costoso, e ciò rallenta il diffondersi di questa tecnologia. I *film nanostrutturati di silicio* rappresentano un'interessante alternativa.

L'idea è quella di creare pellicole con spessore dell'ordine del micrometro, o addirittura più sottili, utilizzando quindi pochissimo silicio. Inoltre si userebbe silicio amorfo, non cristallino, più facile da produrre e perciò più economico: è quello usato nelle celle solari delle calcolatrici tascabili, dove l'energia richiesta per il funzionamento è pochissima e basta un pannello di un paio di centimetri quadrati per l'alimentazione. Il problema dei film nanostrutturati di silicio amorfo è che la loro efficienza nel convertire luce solare in corrente elettrica è bassa, minore del 10%, quindi inferiore a quella pur non entusiasmante del silicio cristallino che raggiunge il 15%.

Anche per questa ragione si guarda con speranza a un'altra classe di nanostrutture. Vent'anni or sono un ricercatore del politecnico di Losanna, Michael Grätzel, compì un importante passo verso la preparazione di celle solari basate su materiali del tutto diversi dal silicio.

Abbiamo già visto come il biossido di titanio sia una sostanza in grado di catturare la luce, seppure in una porzione molto ridotta dello spettro visibile. Grätzel pensò di migliorarne l'efficienza legando alla superficie delle particelle di TiO_2 molecole organiche colorate, capaci di assorbire fortemente la luce visibile. Queste molecole si comportano dunque come antenne che catturano l'energia luminosa e la trasmettono al biossido di titanio, che la usa poi per separare elettroni liberi (cariche negative) e lacune (cariche positive), generando così una differenza di potenziale elettrico.

Oggi le celle di Grätzel sono basate su film spessi 10 µm di particelle di TiO_2, ciascuna con diametro di circa 20 nm. Le molecole di colorante organico sono assorbite nelle cavità tra le particelle, e il tutto costituisce un esempio tipico di nanostruttura. Purtroppo anche queste celle hanno un'efficienza limitata al 7-8% e non sono ancora competitive sul mercato del fotovoltaico. Si spera però nei prossimi anni di riuscire ad aumentare l'efficienza del processo sino al 15%, il che porterebbe già a una piccola rivoluzione nel settore.

Recentemente inoltre si è scoperto che alcuni materiali plastici nanostrutturati sono in grado di catturare la parte infrarossa della radiazione solare, invisibile ai nostri occhi ma non per questo priva di interesse dal punto di vista energetico. Si tratta di punti quantici fatti di materiali semiconduttori dispersi in un polimero. In teoria queste «celle solari plastiche» potrebbero essere anche cinque volte più efficienti delle tecnologie oggi in uso. La cosa interessante è che la nanostruttura potrebbe essere spalmata su qualsiasi oggetto (automobili, indumenti, tetti delle case) aumentando di molto l'area esposta alla luce solare.

L'unico limite alle possibili applicazioni delle nanostrutture per produrre celle solari è probabilmente la nostra fantasia. Lo dimostra anche il caso di una piccola azienda olandese il cui sito web (www.mansolar.nl) vende kit per costruirsi in casa celle solari basate proprio su nanoparticelle di biossido di titanio, usando come coloranti succo di more o tè all'ibisco. Insomma ci potete provare anche voi, e con un po' di fortuna chissà che non scopriate la cella fotovoltaica del futuro!

Non solo «pieni» ma anche «vuoti»

Le nanostrutture non sono fatte necessariamente di oggetti disposti in modo regolare, come le auto di un parcheggio: possono essere fatte anche di «vuoto», come i ripiani di una libreria, purché questo abbia dimensioni nanometriche. È il caso dei *materiali nanoporosi*, vere e proprie spugne inorganiche piene di cavità e canali che possono acquistare proprietà del tutto impreviste, come nel caso degli *aerogel*.

Gli aerogel sono sostanze che incontriamo nella vita di tutti i giorni. Una meringa, per esempio è composta da bianco d'uovo montato a neve, zuccherato e cotto in forno. Tenendola in mano si avverte una sensazione di calore perché l'aria al suo interno, intrappolata in milioni di microscopiche bollicine, non può circolare e scambiare calore: la meringa perciò è un ottimo isolante termico, come il polistirolo.

Lo stesso principio è stato trasferito al mondo delle sostanze vetrose, e oggi anche un vetro può essere prodotto in forma di aerogel: si presenta come un blocco leggerissimo, sostanzialmente una sottilissima e fragile filigrana di vetro che racchiude al proprio interno un enorme volume vuoto fatto di tantissime minuscole sferette cave.

Una meringa è bianca, anche se l'albume con cui è fatta è trasparente, perché i milioni di bollicine di dimensioni micrometriche rifrangono la luce in tutti i colori dell'arcobaleno, che insieme formano il colore bianco.

Però quando i pori diventano più piccoli, dell'ordine delle decine o centinaia di nanometri, essi non rifrangono più la luce. La schiuma di vetro che presenta pori di questo tipo è trasparente quasi come il vetro di una finestra. Perciò la si può usare per riempire l'intercapedine tra i doppi vetri, garantendo un eccellente isolamento termico.

Gli aerogel hanno una superficie interna elevatissima, anche dell'ordine di centinaia di metri quadrati per grammo: sviluppando in due dimensioni l'area interna di un grammo di queste sostanze, cioè, si potrebbe ricoprire una palestra. Ma anche nel campo dei materiali micro- e nanoporosi non tutto è da inventare *ex novo*. La natura infatti ha già provveduto a mettere a nostra disposizione minerali che hanno molte caratteristiche di un aerogel: sono le *zeoliti*, che sino alla metà degli anni Cinquanta avevano la sola funzione di abbellire le vetrine dei musei di mineralogia.

Nel 1958 i ricercatori della Union Carbide, grande azienda chimica statunitense, decisero di provare a sfruttare le particolari proprietà delle zeoliti, che sono edifici cristallini, quindi altamente regolari, pieni di cavità che hanno tutte la stessa forma e le stesse dimensioni. È questa una delle differenze principali tra un aerogel e una zeolite: dal punto di vista chimico la composizione è simile (si basa su ossido di silicio, SiO_2, il principale componente del vetro); ma mentre le micro- e nano-bolle vuote negli aerogel hanno dimensioni e distribuzione variabili (si tratta di un materiale amorfo, cioè disordinato), nelle zeoliti i «buchi» sono tutti uguali e disposti in modo regolare.

Le zeoliti sono quindi «setacci molecolari» molto selettivi, in grado di far passare certe molecole e non altre, o di far avvenire all'interno dei pori solo certe reazioni grazie al fatto che lo spazio a disposizione per i composti che si formano è limitato dalla cavità.

Se per esempio un prodotto molecolare della reazione è troppo grande per stare nel poro, la reazione semplicemente non avviene. I chimici hanno imparato a produrre nuove zeoliti per via sintetica e a modificarle a proprio piacimento, facendo sì che i canali di ingresso a queste specie di grotte tridimensionali regolari possano essere aperti o chiusi a piacere.

Le zeoliti sintetiche hanno trovato subito applicazioni importantissime nella catalisi, perché al loro interno si possono far avvenire reazioni controllando le dimensioni delle molecole che entrano, reagiscono ed escono. Ma ci sono applicazioni anche nella vita quotidiana: oggi infatti usiamo zeoliti al posto dei fosfati nei detersivi per le nostre lavatrici, per rimediare a un grave problema ambientale che si è presentato alcuni anni fa.

Sino alla metà degli anni Novanta tutti i detersivi contenevano dosi massicce di fosfati. Questi erano aggiunti per «complessare» gli ioni calcio presenti nell'acqua, così da impedire che si combinassero con gli ioni carbonato formando le incrostazioni di calcare che danneggiano la lavatrice.

Si dà il caso che i fosfati siano anche ottimi fertilizzanti dei terreni. L'immissione di grandi quantitativi di queste sostanze nelle acque di scarico faceva dunque concentrare in bacini chiusi, come i laghi o il mare Adriatico, grandi quantità di fertilizzanti. Il risultato fu l'*eutrofizzazione*, una crescita abnorme di alghe e vegetazione acquatica, con forte assorbimento di ossigeno a scapito delle altre specie viventi, in particolare i pesci.

Le zeoliti risolvono il problema perché, essendo materiali inorganici inerti, non hanno effetti dannosi sull'ecosistema in cui vengono rilasciate. Grazie alla loro capacità di scambiare ioni, rilasciandone alcuni intrappolati al loro interno per catturarne altri, esse sono usate per sottrarre il calcio dalle acque liberando innocui ioni sodio.

Il combustibile del futuro

Gli usi industriali delle zeoliti sono ormai così tanti che oggi se ne producono milioni di tonnellate ogni anno. All'orizzonte si intravvedono però nuove applicazioni in cui la dimensione nanometrica dei pori e l'enorme area superficiale interna possono rappresentare un ulteriore valore aggiunto.

Si parla molto di nuovi vettori energetici e in particolare dell'idrogeno, un combustibile pulito che si combina con l'ossigeno dell'aria, rilasciando una considerevole quantità di energia e producendo nient'altro che acqua. Il problema è da un lato come ottenere idrogeno in modo economico, dall'altro come trasportarlo in modo sicuro. Uno dei processi più promettenti è la produzione di idrogeno per elettrolisi, e oggi si cerca intensamente di migliorare l'efficienza di questo metodo grazie a materiali nanostrutturati.

Il cuore del sistema è rappresentato da uno strato di nanoparticelle con diametro di circa 30 nm di un semiconduttore come il biossido di titanio su un elettrodo collegato a un secondo elettrodo metallico, il tutto immerso in una soluzione acquosa. L'acqua si infila tra le nanoparticelle di ossido reagendo in modo rapido – grazie all'elevata superficie di contatto – generando ioni idrogeno (H^+) ed elettroni. Gli ioni idrogeno migrano verso l'elettrodo metallico, dove si ricombinano con gli elettroni che fluiscono attraverso il circuito, formando atomi e poi molecole di idrogeno, H_2.

Come in ogni processo di elettrolisi, la cella elettrochimica necessita di energia per funzionare. Se si collega il sistema a una cella solare, il processo produce idrogeno partendo da una materia prima abbondante ed economica, l'acqua, e usando una fonte di energia gratuita, il sole.

Molti ritengono che questo metodo fotoelettrochimico sia ideale per rimpiazzare i processi attuali di produzione dell'idrogeno, che usano gas naturale o comunque idrocarburi, e necessitano perciò di combustibili fossili come materia prima. L'uso delle nanotecnologie qui ha l'obiettivo di ottimizzare una tecnica tradizionale come quella dell'elettrolisi. Non illudiamoci però: l'efficienza di tutto il processo richiede notevoli miglioramenti e la realizzazione su scala industriale è ancora piuttosto lontana.

Una volta prodotto l'idrogeno in modo economico, ci sarà poi il problema di come portarlo in giro. L'idrogeno è un gas, dunque può essere liquefatto e trasportato in bombole. Ma è assai reattivo e se si combina con l'ossigeno, per una scintilla o un aumento di temperatura, rilascia rapidamente molta energia: in altre parole, se la reazione non è controllata si ha una bella esplosione.

È chiaro che la rottura di una bombola d'idrogeno in un incidente automobilistico è un evento pericoloso, da evitare nel modo più assoluto. Nessuno viaggerebbe tranquillo sapendo di essere seduto su una bomba.

Si possono costruire bombole molto robuste e collocarle in zone protette del veicolo, ma tutto questo costa in termini di peso e di spazio, e non elimina completamente il problema. Una possibile alternativa è immagazzinare l'idrogeno in materiali nanoporosi, oppure «scioglierlo» all'interno di leghe metalliche. Le zeoliti sono ottimi assorbitori di gas di ogni tipo, e potrebbero prestarsi a questo scopo; il problema è che, essendo fatte di silice, sono piuttosto pesanti rispetto alla quantità di idrogeno che possono immagazzinare.

In una zeolite si può racchiudere in tutta sicurezza circa l'1% in peso di idrogeno, che può essere poi rilasciato per semplice riscaldamento. Per essere efficace ed economico, però, un solido dovrebbe poter inglobare almeno il 6% di idrogeno. Si stanno perciò studiando altri materiali con struttura nanoporosa, del tutto diversi dalle zeoliti sia per composizione sia per preparazione: sono i cosiddetti MOF, *metal-organic frameworks* (reticoli organo-metallici), formati da materiali compositi nanostrutturati che formano al proprio interno cavità regolari di dimensioni nanometriche.

Poiché sono intrinsecamente più leggeri (il carbonio pesa meno del silicio) i MOF offrono prestazioni migliori rispetto alle zeoliti in termini di rapporto tra volume di idrogeno immagazzinato e peso complessivo. Sono allo studio anche forme di carbonio nanostrutturato, e sono stati presi in considerazione persino nanotubi di carbonio. Il tutto per ora senza risultati decisivi così che il problema dello stoccaggio dell'idrogeno per autotrazione è ancora aperto.

Questi esempi mostrano come sulle nanotecnologie si basino molte speranze di risolvere alcuni pressanti problemi del mondo moderno, come quello delle fonti di energia pulita e del controllo ambientale. A questo proposito vanno citati due importanti settori che stanno già notevolmente beneficiando dei progressi in campo nanotecnologico. Il primo è quello delle *celle a combustibile*.

Nelle celle a combustibile l'energia elettrica è prodotta per via elettrochimica, mediante reazione controllata di idrogeno e ossigeno a dare acqua. Si tratta di un processo pulito, che però richiede idrogeno come combustibile e che con le attuali tecnologie produce energia a costi assai più elevati rispetto ai metodi tradizionali. Il miglioramento costante dei vari componenti delle celle, dagli elettrodi alle membrane agli elettroliti, passa invariabilmente per l'uso di nuovi materiali nanostrutturati. Presto useremo celle a combustibile al posto delle tradizionali batterie per alimentare computer portatili o telefoni cellulari: in questi casi infatti il costo è ampiamente compensato dal vantaggio di avere un'autonomia molto più lunga.

L'altro campo è quello dei *sensori di gas*. L'olfatto è uno dei nostri sensi più sviluppati, ma è primitivo se paragonato a quello di un cane, che con i suoi 230 milioni di cellule olfattive sa percepire la presenza di particolari molecole in concentrazioni di poche parti per milione (provate voi a scovare il libro che vi interessa in una biblioteca di un milione di volumi!). Il nostro naso possiede solo 10 milioni di cellule olfattive, col risultato che la sensibilità è centomila volte più bassa di quella di un cane.

Saper rilevare la presenza di molecole nell'atmosfera che respiriamo con sensori che imitino il naso di un cane, è di fondamentale importanza in campo ambientale. I sensori sono dispositivi che producono un segnale elettrico quando una determinata sostanza gassosa si deposita sulla loro superficie. Oggi si studiano sensori sempre più sensibili, capaci cioè di rilevare sostanze con concentrazioni bassissime, ma soprattutto di farlo in modo selettivo. Intendiamoci, i risultati non sono ancora ottimali: nella mia cucina il sensore di sicurezza che segnala la presenza di metano scatta inesorabilmente ogni volta che preparo una scaloppina al vino bianco: segno evidente che i vapori di etanolo confondono il sensore, dando la stessa reazione prevista per il metano. Ma i sensori basati su nanostrutture stanno portando a sviluppi molto rapidi in questo campo, e l'obiettivo di realizzare «nasi artificiali» si sta avvicinando.

«Millefoglie» speciali

Le nanostrutture non consistono soltanto di oggetti o di vuoti disposti a formare un reticolo regolare. Ci sono infatti dispositivi basati su qualcosa di simile a «nano-torte millefoglie», con tanti strati sottilissimi di materiali diversi che, depositati semplicemente uno sopra l'altro, danno luogo a proprietà innovative. Un esempio storico è quello dei *laser a semiconduttore*. Perché sono così importanti?

Sappiamo che nelle tecnologie informatiche hanno un ruolo importantissimo i sistemi di trasporto dell'informazione: Internet è usato ormai da un miliardo di persone, e masse sempre più grandi di dati viaggeranno in futuro sulle reti. Il trasporto dei dati (che siano testi, immagini o segnali elettrici analogici) si basa sulla loro traduzione in un segnale digitale fatto di bit 0 e 1, che è poi trasmesso a velocità prossime a quella della luce in particolari canali, le fibre ottiche. Ogni messaggio è scomposto in una serie di impulsi luminosi generati da un laser e viaggia sotto forma di fotoni nella fibra, un filo di silice purissima sottile come un capello.

Oggi i laser che generano questi segnali sono del tipo a semiconduttore, sviluppato nel 1963 indipendentemente da Zhores Alferov dell'Accademia delle Scienze di Leningrado e da Herbert Krömer, allora alla Varian di Palo Alto. Questi laser, detti *a eterostruttura*, sono fatti di numerosi strati sottilissimi di materiali semiconduttori.

Tanto per dare un'idea, un laser a luce blu con strato attivo di nitruro di indio e gallio, InGaN, consiste in numerosi strati con spessore di 50-100 nm. Oggi si producono centinaia di milioni di laser di questo tipo ogni anno. Per lo più sono utilizzati nei lettori di cd, ma il settore a più elevato valore aggiunto è quello delle telecomunicazioni.

Questo non è però l'unico esempio di nanostrutture basate sui cosiddetti *film sottili*. Un altro caso di cui ora parleremo ha contribuito non poco allo sviluppo delle moderne tecnologie informatiche, benché sia molto meno celebrato rispetto al transistor e alla sua miniaturizzazione. Mi riferisco all'uso di supporti magnetici per memorizzare i dati, un'idea che risale allo sviluppo dei primi magnetofoni e che in epoca più recente ha portato ai dischi rigidi o *hard disk* dei personal computer.

La storia di questa tecnologia e dei suoi protagonisti è poco nota, ma i suoi sviluppi più recenti si basano interamente su nanostrutture e si spingono sempre più a fondo nel mondo «nano».

I supporti magnetici

Alla base del funzionamento degli hard disk c'è il fatto che gli elettroni possiedono un minuscolo *momento magnetico*, che, semplificando, può essere visto come il risultato della rotazione dell'elettrone attorno al proprio asse. Questa rotazione, in inglese *spin*, per le leggi della meccanica quantistica può avvenire soltanto in due direzioni, producendo un momento magnetico rivolto verso l'alto oppure verso il basso (*spin up* o *spin down*).

Le sostanze come la magnetite, un ossido di ferro noto sin dal tempo dei Romani, sono magnetizzate quando buona parte dei loro elettroni ha il momento orientato nella medesima direzione, dando luogo così a un momento magnetico totale macroscopico. Questa è l'origine del comportamento delle calamite, come l'ago della bussola che tende ad allinearsi al campo magnetico terrestre.

Se si magnetizzano in modo opposto, in su o in giù, aree diverse e ben definite di un dato supporto magnetico, è possibile codificare l'informazione in modo binario: le due orientazioni possibili corrispondono infatti ai bit 0 e 1. Questo è il principio dei cosiddetti *domini magnetici*, zone in cui i momenti magnetici degli elettroni sono tutti orientati nello stesso modo. A ogni dominio corrisponde un bit di informazione, un po'

Figura 12. Il RAMAC 305 dell'IBM è stato il primo computer a usare un disco rigido magnetico.
Foto per gentile concessione della International Business Machines Corporation, copyright © IBM Corporation.

come in una scacchiera dove ogni riquadro bianco corrisponda al bit 1 e ogni riquadro nero al bit 0, o viceversa. Chiaramente, quanto più piccole sono le dimensioni del singolo dominio magnetico, tanti più dati possono essere scritti su un supporto.

Questa idea portò allo sviluppo dei primi dischi magnetici e ai primi sistemi per scrivere e leggere dati registrandoli in modo «permanente» su un supporto. Nel 1955 entrò in commercio il primo hard disk, l'IBM 305 (figura 12): grande come un armadio, conteneva 50 dischi con diametro di 24 pollici (circa 60 cm) distanziati di 1 cm uno dall'altro. I dischi ruotavano a una velocità di 1200 giri al minuto ed erano letti da una singola testina magnetica; le operazioni di lettura e scrittura perciò erano piuttosto lente. La capacità totale era di 5 milioni di caratteri, ossia circa 5 megabyte (1 MB = 2^{20} byte, dove il byte è un insieme di otto bit; normalmente *mega* sta per *milione* o 10^6, mentre 2^{20} vale in realtà 1 048 576).

L'IBM 305 segnava l'inizio di una nuova era che avrebbe progressivamente visto ridursi l'uso della carta e dei raccoglitori per conservare dati, sostituendoli con oggetti immateriali come i *file* da computer e le cartelle in cui catalogarli.

La riduzione delle dimensioni dei domini magnetici fece poi gradualmente aumentare la capacità dei dischi magnetici, di pari passo con l'aumento nella velocità di elaborazione legato alla miniaturizzazione dei transistor. La capacità passò così dai pochi MB del 1955 alle centinaia di MB verso la metà degli anni Ottanta.

Nel frattempo negli anni Settanta fecero la loro comparsa i primi *floppy disk*, dischi flessibili e rimovibili, che potevano cioè essere introdotti o estratti a piacere dal computer. I primi personal computer non avevano disco rigido interno ma soltanto due lettori di floppy disk, uno per il sistema operativo e uno per i dati. La loro capacità era di 360 kilobyte (1 kB = 1024 byte = 2^{10} byte).

Verso la fine degli anni Ottanta la tecnologia era progredita ma iniziava a farsi strada un pericoloso concorrente, il *compact disc* o cd, che offriva la possibilità di registrare dati sotto forma di un segnale ottico letto e scritto da un laser. A quell'epoca l'IBM deteneva ancora la leadership mondiale e una quota molto rilevante nel mercato dei dischi magnetici. Poiché ho lavorato al centro ricerche IBM di Almaden proprio in quegli anni, ricordo la preoccupazione dei colleghi per la possibile perdita di questo settore così strategico per l'azienda. Si temeva che prima o poi i dischi ottici avrebbero preso il sopravvento, relegando i dischi magnetici a un ricordo del passato, come le schede perforate o i vecchi nastri magnetici.

Ma proprio quando sembrava che il destino dei dischi magnetici fosse segnato, una scoperta fatta in ambiente universitario gettava le basi per una piccola rivoluzione tutta interna a questo settore.

Nel 1988 due ricercatori europei, Peter Grünberg del centro di ricerche tedesco di Jülich e Albert Fert dell'Università di Paris-Sud, scoprivano in modo indipendente un fenomeno magnetico nuovo e particolare. Depositando strati sottilissimi di vari metalli, alcuni magnetici e altri no, essi osservarono un netto cambiamento della resistenza elettrica di questi sistemi al passaggio di una corrente in presenza di un campo magnetico esterno. L'effetto era talmente pronunciato che il fenomeno fu chiamato *giant magneto-resistance,* effetto magneto-resistivo gigante (in sigla GMR).

La novità colse l'ambiente scientifico di sorpresa; molti fisici inizialmente non vollero credere che un simile effetto fosse possibile. D'altra parte la scoperta apriva la porta a un potenziale miglioramento radicale della sensibilità delle testine magnetiche, i sensori che devono registrare il tipo di magnetizzazione presente sui piccoli domini del supporto. Un gruppo di ricercatori del centro ricerche IBM di Almaden, guidato da Stuart Parkin, mise rapidamente a punto una tecnica per produrre su scala industriale questi strati sottili di materiali. In breve tempo si riuscì a dimostrare la fattibilità di testine magnetiche basate sull'effetto magneto-resistivo gigante: il futuro dei dischi magnetici forse poteva essere salvato.

Il primo dispositivo commerciale fu introdotto da IBM nel 1997, e già nel 2000 oltre il 90% di tutte le testine magnetiche prodotte erano basate sull'effetto GMR. La capacità di scrivere dati è cresciuta di pari passo e il costo dei supporti magnetici è sceso in egual misura. Nella prima metà degli anni Novanta sono apparsi i primi dischi da 1 gigabyte (1GB = 2^{30} byte, circa un miliardo di byte) e pochi anni più tardi i dischi da 50 GB erano dotazione standard dei computer.

Le moderne testine sono basate su nanostrutture costituite da film sovrapposti spessi alcune centinaia di nanometri e sono in grado di leggere domini di 30 × 200 nm^2. La loro distanza dalla superficie del disco, che gira sino a 15 000 giri al minuto, pari a una velocità lineare dell'ordine dei 100 kilometri all'ora, è di soli 10 nm. Ora sapete perché non è prudente urtare il computer mentre la testina sta scrivendo.

Una nuova generazione di testine si basa poi sull'*effetto tunnel magneto-resistivo* (*tunnel magneto-resistance* o TMR): grazie all'estrema sottigliezza degli strati sovrapposti, gli elettroni possono passare per effetto tunnel da un film magnetico a un altro, attraversando uno strato di ossido isolante spesso pochi nanometri, il che consente di aumentare ulteriormente la sensibilità delle testine.

Lo sviluppo dei dispositivi TMR ha avuto un impulso grazie ad analisi teoriche secondo cui si sarebbe avuto un comportamento magnetico ottimale usando ossido di magnesio per separare due strati di ferro, previsione poi verificata in laboratorio. Buona parte del progresso nella scienza dei materiali e nelle nanotecnologie si deve oggi proprio a calcoli teorici che, partendo dalle leggi fondamentali della meccanica quantistica, simulano il comportamento della materia su scala atomica per progettare materiali adatti a nuove funzioni.

I dischi magnetici di prossima generazione basati sull'effetto TMR avranno capacità dell'ordine del terabyte (1 TB = 2^{40} byte, circa mille miliardi di byte). Dai tempi dei primi dischi rigidi la densità di scrittura dei dati è aumentata di oltre un milione di volte, grazie alla continua riduzione della dimensione dei domini magnetici e all'aumentata sensibilità delle testine. In entrambi i casi le nanodimensioni hanno giocato un ruolo decisivo.

C'è poi un altro settore in cui la scoperta dell'effetto TMR sta cambiando il modo di operare dei nostri computer. Oggi durante le elaborazioni i dati sono scritti sulle RAM, *random-access memory*, dispositivi basati su microscopici condensatori che registrano il bit 1 o 0 a seconda che siano carichi o scarichi. La carica del condensatore deve però essere rigenerata migliaia di volte al secondo; ciò richiede energia e significa anche che le RAM sono *volatili*, cioè perdono l'informazione quando si spegne l'alimentazione elettrica. Ecco perché ogni volta che accendiamo il computer dobbiamo attendere che il sistema operativo venga caricato in memoria.

Grazie all'effetto TMR ora esistono le MRAM, o *magnetic* RAM. Per immagazzinare i dati esse non utilizzano lo stato di carica di un condensatore, ma la magnetizzazione di un dispositivo a multistrato che, una volta magnetizzato, lo rimane in permanenza; si consuma energia soltanto quando si vuole invertire la direzione della magnetizzazione per modificare i dati memorizzati. Con le MRAM perciò le batterie dureranno più a lungo e i dati saranno conservati anche a macchina spenta; così il computer appena acceso sarà subito pronto a lavorare, proprio come il televisore.

Eppure le memorie non *volatili* esistono già, e sono entrate di soppiatto nella nostra vita nascoste nei telefoni cellulari, nei palmari, nelle penne USB, negli iPod e nei lettori MP3, oggetti che hanno di fatto relegato a un vecchio ricordo floppy disk e musicassette. Tutti questi dispositivi sono basati su memorie *flash* a semiconduttore, ossia su un processo per immagazzinare dati completamente diverso da quello sopra descritto incentrato sulle proprietà magnetiche dei materiali. Trattandosi di un circuito elettronico, la memoria *flash* non presenta alcuna parte mobile, ed è per questo piuttosto resistente alle sollecitazioni e agli urti, estremamente leggera e di piccole dimensioni, ma soprattutto non richiede energia per conservare i dati che si mantengono anche a dispositivo spento. Introdotte sul mercato verso la fine degli anni Ottanta, le memorie *flash* sono diventate di uso comune, sia pure inconsapevole, e hanno contribuito sostanzialmente a cambiare le nostre abitudini. A causa del più lento accesso ai dati e per via del fatto che il numero di scritture che una memoria *flash* può supportare non è illimitato seppur molto alto (oltre centomila cicli di scrittura), queste non possono sostituire le tradizionali memorie RAM dei computer, il che rende le nanotecnologie basate su supporti magnetici e lo sviluppo delle MRAM di grande interesse sia concettuale che pratico.

La promessa dei magneti molecolari

Come nel caso del transistor, anche per i dischi magnetici è lecito chiedersi sino a quando potremo ridurre le dimensioni dei domini e aumentare la capacità di memorizzazione dei dati.

Se saremo in grado di sviluppare rilevatori così sensibili da registrare campi magnetici sempre più deboli, potremo spingerci verso una miniaturizzazione ulteriore dei domini magnetici, aumentandone la densità. Esistono però alcuni limiti fisici nonché problemi tecnologici di complessità crescente, legati alle possibili interazioni tra i singoli domini. E anche in questo campo si guarda con speranza a un approccio nuovo e completamente diverso.

Così come si studiano transistor basati su singole molecole, si può anche pensare di operare con *magneti molecolari*. Oggi è possibile sintetizzare molecole contenenti ioni di metalli di transizione che posseggono un momento magnetico ben definito. Queste molecole possono essere cristallizzate in strutture ordinate e costituire così insiemi enormi di domini magnetici di dimensioni molecolari, di pochissimi nanometri ciascuno.

Le densità raggiungibili in questo modo potrebbero essere di gran lunga superiori a quelle attuali. Tuttavia per poter utilizzare in pratica questi magneti molecolari bisogna poterli «scrivere» e «leggere» mediante impulsi di fotoni o campi magnetici o elettrici esterni. Per raggiungere questo obiettivo occorre risolvere ancora molti problemi fondamentali legati alle proprietà delle molecole, alla natura delle loro interazioni e alle tecniche per passare dal livello della singola molecola a un dispositivo macroscopico.

Come il transistor molecolare o il computer quantistico, anche i magneti molecolari sono ingredienti di una rivoluzione nanotecnologica che oggi appare possibile e persino probabile, anche se non del futuro prossimo.

CAPITOLO 8

Nano e bio: due mondi si incontrano

– Non sei come gli altri? In cosa ti senti diverso? Se mai, sarai diverso in meglio: non vedo perché ti dovresti affliggere di questo. Se tu fossi l'ultimo della classe...
– Non è questo. Io sono diverso perché sono nato diverso. Nessuno ci può più fare nulla.
– Sei nato... come?
– Sono sintetico.

Primo Levi, «I sintetici»,
in *Vizio di forma*

Grant: «Aspetta un momento! Non possono rimpicciolirmi».

Generale Carter: «Il nostro miniaturizzatore può rimpicciolire qualsiasi cosa».

Grant: «Ma io non voglio essere miniaturizzato».

Generale Carter: «È solo per un'ora...»

Grant: «Neanche per un minuto!»

È il momento centrale e più emozionante di un celebre film di fantascienza degli anni Sessanta, tratto da un racconto di Isaac Asimov.

Lo scienziato Jan Benes, che conosce il segreto per rimpicciolire soldati e interi eserciti per un tempo limitato, è riuscito a fuggire oltre la *cortina di ferro* con l'aiuto di Grant, agente della CIA. Ma mentre lo strampalato ricercatore viene trasferito in un luogo segreto, un killer cerca di ucciderlo, ferendolo gravemente.

Un grumo di sangue nel cervello mette in pericolo la vita di Benes. Grant deve trovare e proteggere un gruppo di chirurghi capaci di rimuovere il coagulo e salvare lo scienziato. Ma il tempo stringe, tra un'ora al massimo Benes morirà. Messi alle strette, sia pure con qualche riluttanza, Grant e i chirurghi accettano di entrare in un sottomarino e di farsi rimpicciolire con il fantastico marchingegno, per poter essere iniettati nel paziente.

Inizia così il *Fantastic Voyage*, un viaggio avventuroso nel corpo umano, ricco di sorprese ed emozioni per i coraggiosi esploratori che riusciranno infine a raggiungere il grumo di sangue nel cervello, a rimuoverlo e a salvare lo scienziato transfuga. Premiato con due Oscar ma ormai dimenticato dai più, il film – il titolo italiano è *Viaggio allucinante* – è divenuto un simbolo delle visioni futuristiche della nanotecnologia e delle sue ricadute su salute e medicina.

L'immagine di un microscopico dispositivo che viaggia lungo vene e arterie, sino ad attaccare e rimuovere una malattia, è emblematica: ciò che quarant'anni fa era pura fantascienza oggi è diventato futuribile, ancora lontano da una realizzazione pratica ma quantomeno ipotizzabile. Non arriveremo a rimpicciolire un sottomarino e il suo equipaggio, d'accordo, ma la possibilità di utilizzare microscopici siluri teleguidati è meno remota di quanto si pensi.

Come in molti altri campi delle nanotecnologie, anche nella nano-medicina applicazioni concrete già attuali e dimostrate si mescolano a scenari affascinanti e promettenti ma di incerta realizzazione. Non bisogna dimenticare che molti degli organismi attivi a livello biologico hanno dimensioni micro- o nanometriche. Le cellule hanno tipicamente un diametro di 10-20 μm, ma gli organelli al loro interno misurano al massimo qualche centinaio di nanometri. Uno stafilococco ha dimensioni di circa 3-4 μm, mentre il virus Ebola misura 400 nm e il virus dell'epatite C scende addirittura a 50 nm.

Occorre allora domandarsi: che cos'è la nano-medicina, e in che cosa si distingue dalla più tradizionale biologia molecolare? Come spesso accade in questi casi i contorni sono sfumati e poco definiti. Ci sono chiaramente alcune aree della medicina in cui le nanotecnologie possono avere un impatto fortissimo: le tecniche di analisi e diagnosi, per esempio tramite la ripresa di immagini a livello nanometrico; la somministrazione mirata di farmaci e agenti terapeutici biologicamente attivi, sfruttando nanoparticelle o addirittura nano-robot, con un approccio simile a quello immaginato in *Fantastic voyage*; o la rigenerazione controllata dei tessuti o magari di intere parti dell'organismo.

Proiettili magici

In realtà l'idea di farmaci mirati, capaci di agire specificamente su cellule o tessuti malati, non è nuova; essa risale addirittura a Paul Ehrlich, fondatore della moderna chemioterapia e scopritore della prima cura efficace per la sifilide.

Nel 1906 Ehrlich avanzò l'idea del «proiettile magico» (*magic bullet* in inglese), intendendo con ciò un sistema in grado di rilasciare un farmaco o un insieme di farmaci soltanto là dove ce n'è bisogno. Qualcosa di decisamente più semplice di un sottomarino miniaturizzato, ma non per questo meno efficace. Un secolo dopo l'auspicio di Ehrlich, la rincorsa al proiettile magico è ancora una sfida aperta.

Ci sono almeno tre tipi di problemi da affrontare: individuare il bersaglio specifico che è responsabile di una certa malattia; selezionare un farmaco efficace nel trattamento di quella malattia; infine individuare un sistema per trasportare il farmaco ai siti in cui deve agire, evitando risposte immunologiche che eliminerebbero le sostanze curative, in quanto estranee all'organismo.

Le nanoparticelle, grazie alle loro minuscole dimensioni, sono in grado di attraversare alcune barriere biologiche. Perciò sono potenzialmente molto utili come trasportatori di farmaci incapsulati, dispersi o disciolti al loro interno. Se accoppiate con opportune molecole che fungano da ricognitori, esse potrebbero soddisfare molti dei requisiti di un *magic bullet*. Ma quali nanoparticelle si possono utilizzare a questo scopo?

I *liposomi* sono particelle naturali costituite da colesterolo e fosfolipidi. Queste ultime sono molecole presenti nella membrana cellulare formate da una parte insolubile in acqua ma solubile in solventi organici e da un gruppo fosfato. Colesterolo e fosfolipidi si autoassemblano a formare una doppia sfera che racchiude un ambiente acquoso. I liposomi furono scoperti in Inghilterra agli inizi degli anni Sessanta da Alec Bangham, che stava studiando i processi di coagulazione del sangue. Bangham osservò che i fosfolipidi messi in acqua formano spontaneamente microsfere: le molecole orientano il loro lato polare, solubile in acqua, verso l'esterno, lasciando all'interno la terminazione non polare, che è insolubile. Si crea così una calotta con l'acqua all'interno, e un involucro a doppio strato di lipidi a formare un guscio sferico all'esterno.

Le dimensioni dei liposomi variano da una decina a parecchie centinaia di nanometri, sino al micrometro. Poiché sono costituiti da un involucro esterno di grassi e da un ambiente interno acquoso, possono dissolvere e inglobare sia farmaci idrosolubili sia farmaci liposolubili, ossia solubili nei grassi. Inoltre la superficie del liposoma può essere «funzionalizzata», ossia modificata per scopi precisi; ad esempio vi si possono agganciare molecole o gruppi tali da favorire l'ancoraggio del liposoma a uno specifico recettore. Va detto però che mentre è abbastanza facile introdurre il farmaco nel liposoma, è più difficile ordinare alla particella di rilasciarlo al momento opportuno.

Un secondo tipo di nanoparticelle utilizzabili come vettori di farmaci è costituito da nano-aggregati solidi di polimeri biodegradabili. Questi offrono alcuni vantaggi rispetto ai liposomi: variando la composizione dei polimeri e la morfologia della particella, per esempio, si possono controllare le caratteristiche di rilascio del farmaco nell'organismo, programmando una cessione lenta e graduale del principio attivo anche per periodi prolungati.

Infine ci sono i *dendrimeri*, grosse molecole sferiche ottenute a partire da polimeri che si legano a formare una struttura reticolata a forma di albero, con diramazioni dal centro in tutte le direzioni. Un tipico dendrimero è grande più o meno come una proteina, circa 3 nm, e contiene un gran numero di cavità: è una specie di spugna molecolare.

I dendrimeri sono ottimi vettori per il trasporto dei farmaci e li si può utilizzare per la cura di malattie derivanti da difetti genetici, trasportando molecole di DNA all'interno delle cellule, e per i processi diagnostici, identificando selettivamente le cellule malate.

Ma come fa una nanoparticella, che sia un liposoma o un dendrimero, a riconoscere le zone dell'organismo in cui rilasciare il farmaco? Chiaramente questa è una delle questioni più delicate e decisive.

Nel trattamento dei tumori può funzionare la tecnica del cosiddetto *rilascio passivo*. I tumori più aggressivi generano i vasi sanguigni necessari per la rapida crescita della massa tumorale; questo sistema vascolare è caratterizzato da pori di 100-800 nm, che aumentano la permeabilità alle nanoparticelle nelle zone tumorali (i tessuti normali contengono invece capillari con piccoli raccordi, che formano una fitta barriera impermeabile alle nanoparticelle). Esiste quindi la possibilità di accumulare nanoparticelle cariche di farmaci nei tessuti tumorali, ma non nelle cellule sane.

Come «cuocere» le cellule malate

Forse lo strumento oggi più simile al sottomarino in miniatura di *Fantastic Voyage* è rappresentato dai cosiddetti *nanogusci d'oro*. In realtà si tratta di nanoparticelle di silice, il principale costituente della sabbia e del vetro, ricoperte di un sottile strato d'oro. Il tutto con dimensioni di un centinaio di nanometri, molto più piccole dunque rispetto alla cellula tumorale che si vuole neutralizzare.

L'oro è opaco alla radiazione infrarossa, a cui i tessuti biologici sono invece parzialmente trasparenti. La radiazione emessa da un laser a infrarosso penetra sotto la pelle molto più a fondo di un laser nel visibile. Un nanoguscio, assorbendo radiazione infrarossa, si scalda fino a 55 °C e, se è legato a una cellula tumorale, può ucciderla grazie a questo aumento di temperatura. Si può così immaginare un processo di «cottura» selettiva, che neutralizzi le cellule malate senza far uso di farmaci.

Il difficile è far sì che i nanogusci interagiscano selettivamente con le cellule malate, senza danneggiare quelle sane (come avviene invece in parte con l'odierna chemioterapia, che espone anche i tessuti sani del paziente a dosi massicce di farmaci citotossici).

I nanogusci, grazie alle loro dimensioni, possono facilmente circolare nel sistema cardiocircolatorio; devono però essere resi funzionali, per esempio legando alla loro superficie molecole capaci di riconoscere le cellule tumorali. Se si riuscirà in questa impresa, peraltro non facile, basterà poi irraggiare il paziente con innocua radiazione infrarossa per ottenere un trattamento mirato dei soli tessuti cancerosi. Per ora il processo è stato sperimentato con successo sui topi, ma la strada per un'applicazione all'uomo è ancora lunga.

Bussole naturali

Un bell'esempio di utilità delle nanoparticelle inorganiche in un contesto biologico è fornito dagli umili *batteri magnetotattici*, microrganismi capaci di rivelare la presenza di un campo magnetico.

La prima descrizione di questi batteri è apparsa nel 1963 in una pubblicazione dell'Istituto di microbiologia dell'Università di Pavia. Mentre osservava al microscopio i sedimenti di un'acqua di scarico, Salvatore Bellini fece una curiosa scoperta: «Esaminando casualmente un campione nell'ora di mezzogiorno con il sole di fronte, fu dato osservare che microrganismi presenti nel materiale biologico si dirigevano verso lo stativo del microscopio. [...] Si concluse che i microrganismi si dirigevano verso il nord geomagnetico». La prosa è ottocentesca, ma il lavoro è davvero del 1963! Resosi conto che i batteri si orientavano tutti verso il nord, Bellini li chiamò «magnetosensibili».

Il primo resoconto di un'osservazione analoga soggetto a *peer-review* (la procedura di valutazione da parte di uno o più esperti prima che la pubblicazione di un articolo scientifico sia approvata) apparve su Science oltre un decennio dopo ad opera di Richard Blakemore, un microbiologo che si accorse che alcuni batteri si orientavano lungo le linee del campo magnetico terrestre. Fu Blakemore a coniare l'espressione «batteri magnetotattici» che usiamo oggi.

Questi microrganismi vivono nell'acqua, in fondali fangosi e a una particolare profondità, dove la concentrazione di ossigeno e di altre sostanze disciolte è ideale per il loro sviluppo. Un ambiente troppo ricco di ossigeno, come alle quote superiori, o troppo povero di ossigeno, come a profondità maggiori, sarebbe fatale per questi batteri. Devono dunque restare a una profondità ben precisa e, se per qualche motivo ne sono allontanati, devono mettersi in moto per ritornarvi; a quest'ultima esigenza la natura ha provveduto dotandoli di un flagello per la propulsione. Il movimento dei batteri deve quindi avvenire principalmente lungo una sola direzione, quella perpendicolare alla superficie terrestre.

Ma come fa il batterio a scegliere la direzione lungo cui muoversi? La risposta è che esso ha al proprio interno una catena costituita da una ventina di minuscoli cristalli con proprietà magnetiche, ognuno lungo

40-100 nm. Il campo magnetico terrestre ha una componente verticale che punta verso il basso nell'emisfero nord (e opposto nell'emisfero sud). Grazie ai nanocristalli di magnetite il batterio si allinea al campo magnetico e si muove solo in due direzioni, verso l'alto o verso il basso, riducendo una ricerca tridimensionale a una monodimensionale.

Si tratta di una meravigliosa bussola naturale su scala nanometrica, fatta proprio con il materiale classico delle calamite: la magnetite, ossia ossido di ferro. Ancora più sorprendente è che la cosa funziona nonostante il fatto che il campo magnetico terrestre sia molto debole e che il momento magnetico delle particelle sia piccolissimo.

Nanoparticelle magnetiche simili a quelle dei batteri magnetotattici aprono interessanti prospettive nella diagnostica medica, come rivelatori di microrganismi patogeni. Le particelle magnetiche sono fissate, come minuscole etichette, ad anticorpi selezionati che sono poi incorporati nel campione da studiare. Per vedere se gli anticorpi si sono legati al loro bersaglio, si applica un forte campo magnetico e si esamina il campione con un rivelatore molto sensibile. Gli anticorpi che non si sono legati si muovono liberamente e non emettono alcun segnale. Invece gli anticorpi che si sono legati ai tessuti sono in posizione fissa ed emettono un segnale piccolo ma misurabile.

Il ruolo delle nanoparticelle nella diagnostica medica non è però legato soltanto alle loro eventuali proprietà magnetiche. Abbiamo già visto che nanoparticelle d'oro disperse nel vetro producono un'intensa colorazione rossa. Ebbene, questo effetto non è ristretto all'oro né al colore rosso.

Nel 1908 Gustav Mie formulò una teoria, valida tuttora, secondo cui le nanoparticelle metalliche assorbono la radiazione elettromagnetica a valori ben precisi della lunghezza d'onda, che dipendono dalle dimensioni della particella, dal metallo in oggetto e dal mezzo liquido o solido a cui sono legate o in cui sono disciolte. Ciò è caratteristico delle particelle molto piccole, e non avviene con frammenti macroscopici della stessa sostanza.

Nelle nanoparticelle infatti i fotoni stimolano un moto collettivo degli elettroni del metallo, che iniziano a oscillare tutti insieme in una specie di *ola* molecolare, producendo una colorazione che varia con le dimensioni della particella. Questo fenomeno può tornare molto utile per lo studio delle cellule e dei tessuti.

I sistemi biologici infatti sono molto complessi, e spesso occorre osservare simultaneamente il comportamento di varie componenti. Con le nanoparticelle metalliche si possono allora marcare le molecole biologiche associando a ogni tipo di molecola un nanocristallo di dimensione particolare. Poi, con una singola sorgente luminosa, si può eccitare il campione e misurare in un colpo solo l'intensità di tutti i vari colori, con le tecniche classiche della spettroscopia.

La tecnica è particolarmente interessante perché consente di creare una specie di «codice a barre molecolare». Immaginiamo di inglobare in una microcapsula di materiale polimerico alcune nanoparticelle di dimensioni diverse: ognuna avrà una risonanza e quindi un colore caratteristico. Queste «nano-etichette» potrebbero essere fissate per esempio a molecole di DNA composte da diverse sequenze di nucleotidi: illuminando il materiale biologico si otterrebbe allora un'emissione di luce di diversi colori, che rivelerebbe le sequenze presenti.

Una tecnica di questo tipo permetterebbe di confrontare rapidamente il materiale genetico di un particolare campione con un archivio di sequenze di DNA note, per determinare la sequenza genica del campione e sue eventuali alterazioni.

Il laboratorio tascabile

La possibilità di lavorare su scala nanometrica risulterà fondamentale nella messa a punto di nuove tecniche diagnostiche, ma occorre ancora superare parecchi problemi pratici. D'altra parte alcune realizzazioni molto interessanti sono già state ottenute nel campo delle microtecnologie.

Un normale laboratorio di analisi implica costi elevati in termini di spazi, strumentazioni, personale. Immaginate invece di poter fare un'ampia serie di test diagnostici in modo automatizzato, in tempi brevissimi e senza sprecare grosse quantità di reagenti. Questa è l'idea che sta dietro il concetto di «laboratorio su un processore», in inglese *lab-on-chip*. Ne esistono già in commercio versioni funzionanti, progettate per l'analisi di malattie specifiche come l'AIDS: il paziente mette una goccia di sangue su un dispositivo della dimensione di un biglietto da visita, che è poi analizzato in

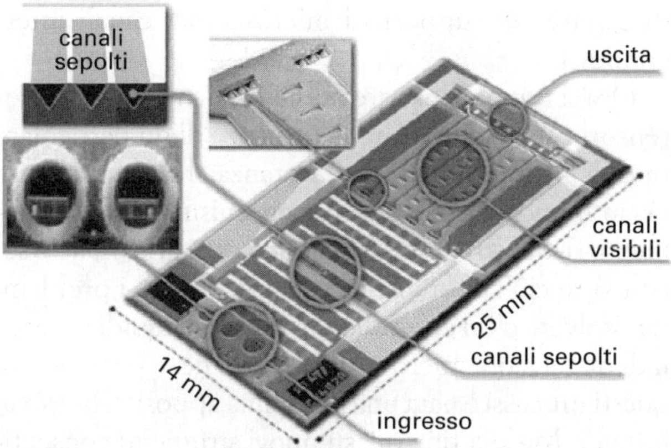

Figura 13. Schema della struttura di un *lab-on-chip* per l'analisi del DNA.
Foto per gentile concessione della ST Microelectronics.

modo pressoché istantaneo. La prospettiva è dunque quella di poter testare in futuro, in un colpo solo, la presenza di vari virus, oppure un eccesso di sostanze estranee, o il tasso di glicemia e di colesterolo.

Ma come funziona un lab-on-chip? I vari strumenti di diagnosi di un normale laboratorio di analisi mediche sono sostituiti da un supporto grande quanto un circuito integrato per computer, qualche centinaio di mm^2, ma senza le connessioni elettroniche. Al loro posto c'è una serie di micro- e nano-canali in cui quantità minuscole di vari fluidi possono scorrere e mescolarsi (figura 13).

Le tecniche per creare un dispositivo di questo tipo sono le stesse sviluppate per produrre i transistor dei circuiti integrati: si usa infatti la fotolitografia per disegnare sul supporto i microscopici canali interconnessi.

Ora si tratta di inserire nei canali nanosensori e biosensori capaci di rivelare la presenza di un particolare tipo di virus o di una certa sostanza chimica presente in un liquido fisiologico. Il meccanismo di funzionamento di questi sensori è complesso, e varia molto a seconda di ciò che si intende analizzare. Tra i problemi da risolvere c'è il controllo del flusso di liquidi in canali di dimensioni micro- e nanometriche, e per studiare questi processi è nata una disciplina apposita, la *microfluidica*. Ma alla fine questi nuovi strumenti consentiranno di fare simultaneamente e rapidamente un gran numero di analisi mediche. A casa nostra, e senza bisogno di prendere appuntamento.

Imparare dalla natura

Gli esempi citati finora indicano che l'applicazione delle nanotecnologie alla medicina offre molte opportunità interessanti. Va detto però che gran parte di queste tecnologie sono ancora in uno stadio larvale, primitivo rispetto alle grandi aspettative che stimolano. In questo senso la nano-medicina è decisamente diversa da altri settori in cui lo sviluppo delle nanotecnologie ha già modificato profondamente il nostro modo di vivere.

I processi biologici si sono continuamente affinati per più di tre miliardi di anni grazie ai meccanismi dell'evoluzione, con il risultato che la natura sa fare cose spettacolari e con una efficienza straordinaria anche rispetto alle nostre tecnologie più sofisticate. E i sistemi biologici lavorano con una precisione e una regolarità assolutamente sorprendenti.

Prendiamo il caso della sintesi proteica, che è la base della vita. Essa è regolata e controllata da tipici oggetti nanoscopici, i *ribosomi* delle cellule, che misurano circa 20 nm e sono agglomerati di alcune decine di proteine e di 3-4 molecole di RNA. Le proteine e l'RNA si autoassemblano, ossia si aggregano spontaneamente riconoscendo la propria forma e dando luogo a una struttura più complessa, il ribosoma, con la funzione ben precisa di sintetizzare una nuova proteina. È qualcosa di molto simile a ciò che sognava Feynman quando parlava di sfruttare la potenza del mondo atomico.

Ogni ribosoma è composto di due parti, come due gusci che combaciano. Le due parti sono dotate di funzionalità diverse e complementari, e insieme formano una vera e propria nano-macchina funzionante. L'RNA messaggero (mRNA) trasporta l'informazione genetica contenuta nel DNA, così che l'accoppiata mRNA-ribosoma contiene in sé tutti gli elementi per «assemblare» nel modo giusto la nuova proteina partendo dagli aminoacidi, i mattoni della vita.

Come Charlie Chaplin nella famosa scena di *Tempi Moderni*, anche qui assistiamo a una catena di montaggio molecola per molecola. Due aminoacidi vengono selezionati e poi legati uno all'altro mediante un legame covalente; è il primo passo verso la formazione della proteina. Il processo poi si ripete più volte formando una catena via via più lunga, in cui ogni aminoacido prende la posizione prevista e controllata dalla molecola di RNA messaggero. Una sequenza particolare di nucleotidi sull'RNA messaggero indica quando la catena è finita, ossia quando la proteina è pronta, e allora il processo si arresta. La proteina viene rilasciata, il ribosoma si «smonta» e i suoi componenti ritornano in circolo nella cellula, in attesa di riorganizzarsi per produrre un'altra proteina.

Un umile batterio contiene da 5000 a 20 000 ribosomi e produce centinaia di proteine ogni secondo. Riuscite a immaginare qualcosa di più efficiente?

Sono stati proprio i ribosomi e altre strutture biologiche simili a ispirare Eric Drexler, il visionario antesignano, primo autore a pubblicare su una rivista scientifica un articolo dedicato alle nanotecnologie, quando questo termine non si usava ancora. Nel 1981 infatti apparve sui Proceedings of the National Academy of Sciences il suo lavoro dal titolo «Ingegneria molecolare: un approccio allo sviluppo delle potenzialità della manipolazione molecolare».

Secondo la teoria esposta da Drexler, la vita stessa è la prova evidente che le macchine possono essere costruite atomo per atomo. A sostegno di quest'idea egli presentò un confronto diretto tra strumenti costruiti dall'uomo e strutture biologiche che svolgono le medesime funzioni; ne riportiamo una parte nella tabella 3.

A oltre un quarto di secolo dalle intuizioni di Drexler, siamo ancora lontani dal poter operare a nostro piacimento con i sistemi biologici come facciamo in una normale officina meccanica. Resta il fatto però che l'idea è valida, e che proprio dai sistemi naturali ci possono venire insegnamenti e ispirazioni per meglio sfruttare le potenzialità del mondo atomico e molecolare.

Tabella 3. Componenti meccanici macroscopici e biologici.

tecnologia	funzione	esempio molecolare
cavi	trasmettono tensione	collagene
montanti, raggi,	trasmettono forze,	microtubuli,
involucri	mantengono posizioni	cellulosa
motori	alberi rotanti	motore flagellare
recipienti	contengono liquidi	vescicole
tubazioni	trasportano fluidi	capillari
morsetti	immobilizzano parti meccaniche	siti di legame negli enzimi
pompe	spostano fluidi	flagelli, vacuoli contrattili
utensili	modificano parti meccaniche	gruppi funzionali
linee di produzione	costruiscono dispositivi	sistemi enzimatici, ribosomi
sistemi di controllo numerico	registrano e leggono programmi	sistemi genetici

Adattato da E. Drexler, «Ingegneria molecolare: un approccio allo sviluppo delle potenzialità della manipolazione molecolare», *Proc. Natl. Acad. Sci. USA* 78, 5275 (1981).

Calcolare con il DNA

Tra tutte le connessioni possibili tra mondo «nano» e mondo «bio», quella forse più stupefacente è la possibilità di usare il DNA per elaborare dati, in altre parole per costruire computer. Tutto parte dalla considerazione che in fondo il DNA trasporta una grande quantità di informazione. Anche un semplice organismo unicellulare dalle funzioni poco ambiziose come un'ameba contiene all'interno del proprio DNA 400 megabit di informazione genetica.

A prima vista i transistor e i microprocessori non hanno nulla da spartire con la celebre struttura a doppia elica in cui è codificato il nostro patrimonio genetico. C'è soltanto una proprietà che hanno in comune: entrambi trasportano informazione. Nel transistor ciò avviene in forma digitale, attraverso bit 0 o 1; il DNA invece usa un alfabeto costituito da quattro lettere, le quattro basi nucleiche adenina (A), guanina (G), citosina (C) e timina (T). Ma i punti di contatto si esauriscono qui, e quando si parla di *computer a DNA* ci si riferisce in realtà a qualcosa di completamente diverso, e con basi logiche del tutto differenti da quelle dei computer odierni.

Tutto parte dal concetto di calcolatore proposto nel 1936 da Alan Turing, il celebre matematico britannico che progettò una macchina ideale per elaborare l'informazione. Questa *macchina di Turing* non aveva fili elettrici, transistor o porte logiche: era descrivibile piuttosto come una persona che ha a disposizione un nastro di lunghezza infinita, una matita e un libretto di istruzioni (il termine *computer* all'epoca non indicava una macchina, ma un contabile che per professione masticava numeri).

Il computer di Turing legge un simbolo sul nastro e lo modifica, per poi passare al simbolo successivo seguendo alcune regole ben precise. Nulla a che vedere con i «computer» come li intendiamo noi oggi, e in effetti non ci sono analogie tra gli algoritmi utilizzati nei nostri calcolatori e quelli che farebbero funzionare una macchina di Turing.

Quella macchina invece ricorda molto da vicino il modo di operare delle macchine biomolecolari che all'interno delle cellule elaborano le informazioni contenute nel DNA e nell'RNA. In entrambi i casi infatti i dati sono codificati con i simboli di un determinato alfabeto, e in entrambi i casi l'elaborazione avviene spostandosi lungo strisce sequenziali, modificando o aggiungendo simboli secondo regole predefinite.

Questa somiglianza ha portato all'idea che si possano sviluppare calcolatori basati interamente sul DNA e radicalmente diversi, dal punto di vista concettuale, da quelli attuali.

La codifica dell'informazione nel DNA avviene attraverso la sequenza delle quattro basi e nello sviluppo di un computer a DNA si sfrutta il fatto che l'adenina di una molecola di DNA si lega solo con la timina di un'altra, e così la guanina con la citosina. Pertanto, a una sequenza ATC può corrispondere solo la catena TAG. Per poter «calcolare» occorre quindi mescolare queste sequenze in un recipiente, lasciarle reagire, e decodificare quindi il risultato che si ottiene sotto forma di una serie di strutture a doppia elica.

La prima dimostrazione concreta si è avuta nel 1994 quando Leonard Adleman, un ricercatore dell'Università della Southern California a Los Angeles, riuscì a risolvere in un caso particolare un classico problema logico, il *ciclo di Hamilton* o *problema del commesso viaggiatore* (determinare il percorso più breve tra un certo numero di città passando solo una volta per ciascuna di esse), utilizzando qualche grammo di DNA. La dimostrazione pratica della possibilità di fare calcoli con il DNA non significa però che questi sistemi porteranno a un nuovo tipo di computer sui nostri tavoli.

I computer biologici infatti hanno velocità limitate a qualche centinaio di operazioni al secondo, pochissime se confrontate con i miliardi di operazioni al secondo dei moderni microprocessori.

Ciononostante il computer a DNA offre il vantaggio di operare nello stesso ambiente e con gli stessi strumenti degli organismi viventi. Un computer molecolare basato sul DNA potrebbe funzionare all'interno delle cellule come un «dottore» dotato di autonomia decisionale: saprebbe rilevare i segnali provenienti dalla cellula che indicano uno stato di alterazione, una malattia, li elaborerebbe usando la propria conoscenza medica programmata e potrebbe predisporre le azioni per contrastare e combattere il problema, inviando segnali di allarme o addirittura indicando la cura necessaria. Insomma, un vero e proprio «medico molecolare» sempre attivo direttamente dentro l'organismo, senza orari di ricevimento e senza attese in ambulatorio.

Il mondo biologico è ricchissimo di esempi di processi come quelli di cui abbiamo parlato, e la capacità di riprodurli e sfruttarli, anche con efficienza molto minore, è una sfida aperta per le nanotecnologie. Sarebbe il salto di qualità vero e proprio, da pura e semplice innovazione di processo a cambiamento radicale.

A ben vedere, la rivoluzione microelettronica è stata lenta e graduale: una volta progettato un transistor si è lavorato per migliorare i processi con cui produrlo in dimensioni sempre più piccole e in quantità sempre più grandi, ma a costi contenuti. Sono stati risolti problemi scientifici e tecnologici inimmaginabili, e ci sono voluti cinquant'anni di innovazione costante per arrivare dove siamo ora. Ma molti miglioramenti sono stati di tipo incrementale, significativi ma non stravolgenti.

Le cose potrebbero cambiare radicalmente se si passasse a tecnologie del tutto nuove, vergini, inesplorate. La capacità di riprodurre o simulare i processi biologici rappresenterebbe proprio uno di questi salti concettuali, con tutto il suo bagaglio di misteri, di incognite e di rischi. Ne riparleremo nell'ultimo capitolo, quando getteremo lo sguardo oltre l'ostacolo per lasciarlo viaggiare libero e incontrastato su orizzonti fantastici e ancora sconosciuti.

CAPITOLO 9

Luci e ombre: i rischi delle nanotecnologie

Si fabbricano da sé: bella spiegazione! E se la fabbrichetta si guasta? O vengono fuori difettosi? Per esempio l'ormone degli uomini invece di quello delle donne, che a vedere le formule (strane ma belle, tutte fatte a esagoni come i radiatori a nido d'ape che usavano una volta) sono quasi uguali: bene, miei cari signori, e se uno si sbaglia?
Basta un niente, un momento di disattenzione, un dettaglio trascurato [...] ed ecco che da uomo ti ritrovi donna, da convesso diventi concavo.

Primo Levi, «Self-control»,
in *Lilìt e altri racconti*

Parlare di una nuova tecnologia senza parlare anche dei rischi che essa comporta non sarebbe cosa buona né saggia. Così come non è sensato pensare che possano esistere attività umane prive di rischi: è semplicemente impossibile.

Quello che si può dire semmai è che ci sono rischi contenuti, misurati, in qualche modo accettabili; e qui il discorso si fa delicato.

Quando un rischio è accettabile? La risposta è molto soggettiva, e spesso determinata dalle percezioni individuali più che da statistiche oggettive. Tendiamo a sottostimare i rischi che abbiamo in casa, per preoccuparci e concentrarci molto di più su quello che viene da «fuori».

Teniamo tranquillamente in un armadio liquidi corrosivi, detersivi, solventi per vernici, insetticidi o veleni per topi, acidi diluiti o sostanze altamente basiche per sgorgare lavandini, candeggina o trielina, anche se sappiamo che un uso improprio o un mescolamento casuale e indesiderato di alcuni di questi prodotti può causare effetti assai poco gradevoli. E questo perché coltiviamo in noi la certezza di essere in grado di controllare perfettamente l'uso di queste sostanze, di sapere chi e come vi ha accesso, quando usarle e come proteggerci da esse. Di noi stessi insomma ci fidiamo ciecamente; degli altri meno, molto meno.

Valutiamo molto diversamente il rischio a seconda che si tratti di una nostra scelta (e allora ci può stare) oppure di una scelta imposta da altri (e allora non ci fidiamo). Il caso più clamoroso di questa percezione un po' schizofrenica dei rischi è quello dei mezzi di trasporto. Molti ritengono che il rischio di volare in aereo sia molto superiore a quello di viaggiare in auto, quando tutte le statistiche invece dimostrano chiaramente il contrario. Nel solo 1998 l'«apocalisse della strada» è costata a livello mondiale un milione e duecentomila morti e quasi 40 milioni di feriti. Ma noi continuiamo tranquillamente ad andare in auto.

Quando siamo noi a controllare un processo, come guidare o attraversare la strada, siamo pronti ad assumerci i rischi che esso comporta perché siamo fermamente convinti di saperli governare, grazie alla nostra ben nota «infallibilità personale». La musica cambia quando dobbiamo riporre la nostra vita in mani altrui: in treno o in aereo diventiamo molto esigenti e vorremmo poter contare su un rischio di incidente pari a zero.

Tutto questo ovviamente non può non riguardare anche le nanotecnologie. In quanto nuove e largamente inesplorate, esse presentano un potenziale di rischio con cui dovremo necessariamente fare i conti. Ma sino a che punto saremo disposti a «rischiare», sia pure a fronte di consistenti benefici? La questione è tutt'altro che semplice.

Una storia eclatante del passato dimostra quanto sia difficile valutare il rischio, e soprattutto il bilancio tra rischi e benefici, perfino quando si ha il privilegio della visione retrospettiva. Mi riferisco alla storia del DDT, del suo uso e di come la percezione di questa «tecnologia» sia cambiata nel corso degli anni. Ma a torto o a ragione?

Una storia controversa

Il DDT (in gergo chimico 2,2-bis(p-clorofenil)-1,1,1-tricloroetano) fu sintetizzato per la prima volta nel 1874, ma le sue proprietà insetticide divennero chiare solo intorno al 1935. Fu il primo insetticida a essere prodotto su larga scala nel corso della Seconda guerra mondiale, per proteggere i militari e le popolazioni civili da una serie di malattie come la malaria, il tifo e altre infezioni portate dagli insetti.

Nel 1948 il chimico svizzero Paul Hermann Müller, che lavorava per l'industria farmaceutica Geigy, ricevette il premio Nobel «per la sua scoperta dell'elevata efficienza del DDT come veleno contro numerosi insetti». Si cominciò a usare il DDT in modo continuo ed esteso in Europa e in Nord America, al punto che in pochi anni la malaria, peraltro non molto diffusa in quelle regioni grazie a misure di prevenzione e profilassi, scomparve completamente.

Nel 1955 l'Organizzazione Mondiale della Sanità (OMS) iniziò un programma per estirpare la malaria a livello mondiale. Il programma fu un successo, e ridusse in pochi anni la mortalità da 192 a soli 7 casi per ogni 100.000 abitanti. Purtroppo di pari passo con questi spettacolari risultati si osservò lo svilupparsi di una resistenza progressiva di vari insetti al potente insetticida. Inoltre iniziarono a emergere dubbi sugli effetti ambientali della sostanza, sulla base di osservazioni come una marcata diminuzione del tasso di natalità.

Nel 1962 l'autrice statunitense Rachel Carson pubblicò *Silent Spring*, un libro diventato storico che denunciava i rischi associati al DDT, sia come agente cancerogeno sia come inibitore della riproduzione.

Il libro provocò un ampio e aspro dibattito pubblico, che si concluse negli anni Settanta con la messa al bando dell'insetticida e la proibizione del suo uso in agricoltura in quasi tutti i Paesi del mondo.

I risultati non si fecero attendere. Per esempio nello Sri Lanka, dove tra il 1934 e il 1955 c'erano stati oltre un milione e mezzo di casi di malaria con oltre 80 000 morti, i casi riportati nel 1963 – dopo l'introduzione del DDT – furono soltanto 17; ma una volta interrotto l'uso del DDT la malaria ritornò prepotentemente, e tra il 1968 e il 1969 vennero riportati 600 000 casi. A quel punto il governo decise di reintrodurre il DDT, ma molte delle specie locali di zanzara avevano sviluppato una resistenza tale che l'insetticida risultò poco efficace, e si dovette ricorrere a un altro prodotto assai più costoso.

In Sudafrica, dopo la decisione di abbandonare il DDT nel 1996, i casi di malaria in una particolare regione sotto monitoraggio aumentarono fino a cinque volte. Nel 2000 si registrò un aumento del 400% di decessi per malaria, al punto che anche qui le autorità reintrodussero il DDT, riducendo così il numero di decessi nella regione a meno di 50 all'anno.

Casi simili sono stati riportati in altre parti del mondo, tanto che è cresciuto un movimento di sostenitori del DDT, convinti che l'abbandono dell'insetticida abbia provocato un numero enorme di vittime per malaria, da centinaia di migliaia (secondo le stime più ottimistiche) a parecchie decine di milioni (secondo quelle più nere).

Il popolare scrittore Michael Crichton nel suo romanzo *Stato di paura* dice che «dall'abbandono del DDT, due milioni di persone all'anno sono morte di malaria senza ragione, la maggior parte bambini. La proibizione dell'uso del DDT ha causato cinquanta milioni di inutili morti». Si tratta con tutta probabilità di un'esagerazione, ma non priva di qualche fondamento nella realtà.

Dunque chi ha ragione? I fautori del rischio zero, e quindi della proibizione dell'uso del DDT, o quelli del rischio calcolato, che ritengono i benefici superiori ai costi?

È opinione comune che la messa al bando del DDT nel 1972 sia avvenuta per effetto della discussione emotiva scatenata negli Stati Uniti negli anni Sessanta dal libro della Carson. A tutt'oggi non esistono prove certe che il DDT sia particolarmente tossico per l'uomo o per gli altri primati, se confrontato con altri pesticidi di largo uso.

È invece certo che si sviluppano specie di insetti resistenti e immuni al DDT, tanto da ridurne l'efficacia quasi a zero in taluni casi. La colpa è anche di quegli agricoltori che negli anni Cinquanta e Sessanta sparsero dosi massicce del pesticida, molto superiori al necessario, limitando così la sua efficacia; tanto che per alcuni esperti il problema non è l'uso del DDT di per sé, ma il suo abuso.

Sta di fatto che oggi la malaria colpisce tra 300 e 500 milioni di persone ogni anno. Secondo l'OMS ne muore circa un milione; il 90% dei decessi si registrano in Africa, soprattutto tra i bambini con meno di 5 anni. Gli effetti sociali di una piaga come questa sono devastanti, al punto che nel settembre del 2006, dopo più di trent'anni di messa al bando, l'OMS ha dato il clamoroso contrordine: via libera al DDT, che pur con tutti i suoi problemi non ha al momento valide alternative.

A questo punto che cosa dobbiamo rispondere a chi chiede se il DDT faccia male o bene? Come spesso accade la risposta non è lineare come ci piacerebbe e ognuno è libero di trarre le proprie conclusioni.

La storia del DDT è esemplare di come il rapporto rischi-benefici nelle attività umane si giochi spesso su un filo sottile, e di come le valutazioni possano cambiare radicalmente a seconda della parte del pianeta in cui ci si trova. È ovvio che noi dal DDT possiamo trarre soltanto svantaggi; ma siamo sicuri che sia così anche per molte popolazioni del Terzo mondo?

Dopo questa lunga ma importante premessa, possiamo ora passare ad affrontare l'argomento dei rischi connessi alle nanotecnologie.

Innanzitutto occorre dire che, data la complessità e la varietà dei processi che vanno sotto il nome di «nanotecnologie», non è possibile considerare rischi e pericoli se non valutando caso per caso, attività per attività. Non vi è dubbio per esempio che processi industriali come la produzione dei transistor e dei dispositivi microelettronici comportano livelli di rischio relativamente bassi, e comunque pienamente sotto controllo. Anche l'uso di un microscopio a scansione a effetto tunnel o di un microscopio elettronico, pur richiedendo alcune precauzioni, non dà adito a preoccupazioni particolari. C'è dunque un'ampia gamma di settori e attività nanotecnologiche già ben sperimentate dove non sussistono pericoli specifici, o comunque non superiori a quelli di tantissime altre attività umane.

Si stima però che tra i circa 300 prodotti nanotecnologici oggi in commercio (www.nanotechproject.org/consumerproducts) un terzo almeno sia costituito da sostanze contenenti nanoparticelle che sono spalmate sulla pelle, respirate o ingerite per via alimentare. Come abbiamo già visto, di nanoparticelle se ne producono migliaia di tonnellate ogni anno per l'uso in creme solari, in additivi vari, in tessuti per abbigliamento o in imballaggi per alimenti. Quando si parla di queste nano-polveri il discorso si fa delicato, ed è necessario un approfondimento.

Ha ragione Beppe Grillo?

Da qualche tempo il popolare comico genovese nei suoi spettacoli in giro per l'Italia e nel suo blog richiama l'attenzione anche sui pericoli derivanti dalle nanoparticelle. È sensato? Ci sono validi motivi per preoccuparsi?

Intanto ricordiamo che il termine nanoparticelle indica generalmente particelle con diametro inferiore a 100 nm. Si tratta della parte più fine di quello che è anche noto come *particolato* o *polveri sottili*; queste ultime sono composte da particelle che vanno dalla dimensione di pochi nanometri sino a 500 micrometri e oltre. A seconda del loro diametro aerodinamico medio, tali polveri sono suddivise in *particolato grossolano* (PM_{10}, con diametro inferiore a 10 μm), *fine* ($PM_{2,5}$) e *ultrafine* (PM_1, inferiori a 1 μm): le nanopolveri sono ancora più piccole e non sono rilevabili con tecniche gravimetriche, basate su quanta sostanza si deposita su un filtro.

Poi va detto che le nanoparticelle, come gran parte delle polveri sottili, non sono una creazione esclusiva dell'uomo. Si trovano già in natura e sono prodotte da vari fenomeni come l'eruzione di un vulcano o l'incendio di un bosco. Ci sono inoltre attività umane che nulla hanno a che fare con le nanotecnologie, ma che pure producono nano-polveri: per esempio i motori degli autoveicoli e i forni inceneritori, o le attività industriali soprattutto nel campo minerario e dei cementi.

Ogni volta che ci sono processi di combustione si producono nanoparticelle che si disperdono nell'atmosfera. Infine ci sono le nanoparticelle prodotte industrialmente che, come abbiamo visto, possono essere utilizzate nel settore tessile, nei cosmetici e in tanti altri prodotti di largo consumo.

Ci sono dunque nanoparticelle con cui l'uomo è a contatto naturalmente e da millenni, e altre che non sono presenti in natura e i cui effetti sono poco noti. Quando alle fonti naturali si aggiungono quelle derivanti dalle attività umane, possono cambiare le dosi a cui si è esposti. E come diceva già nel Cinquecento Paracelso, universalmente considerato il padre della moderna tossicologia, «tutte le cose sono velenose e non ce ne sono di prive di veleni; soltanto le dosi rendono una sostanza non velenosa». Tanto che persino cinque litri di normalissima acqua, se ingeriti tutti insieme, possono essere letali.

La nano-tossicologia

Le dimensioni piccolissime consentono alle nanoparticelle di attraversare le membrane cellulari, di muoversi lungo i dendriti che collegano i neuroni, di infiltrarsi negli organismi. Una volta entrate, le particelle possono passare da un organo a un altro e concentrarsi in tessuti anche molto distanti dalla zona da cui sono state assorbite (pelle, stomaco, polmoni). Per ora gli studi in questo campo sono pochi, e limitati in larga misura a test di laboratorio fatti su animali.

Esistono evidenze cliniche soprattutto per quanto riguarda l'interazione delle nanoparticelle con l'apparato respiratorio. Una stanza può contenere 10 000 nanoparticelle per centimetro cubo, mentre in una strada delle nostre città la concentrazione può essere dieci volte più grande. Possono sembrare tante, ma è bene ricordare che in confronto al numero di Avogadro stiamo parlando di numeri molto piccoli. Comunque sia, queste particelle le respiriamo.

Poco o nulla si sa sugli effetti delle nanoparticelle ingerite attraverso gli alimenti, mentre qualche studio è stato fatto sui meccanismi di assorbimento attraverso la pelle o per inoculazione in vena, soprattutto in riferimento all'uso dei nano-farmaci o di creme solari contenenti particelle di biossido di titanio, ossido di zinco o liposomi.

Gli studi effettuati finora hanno escluso la tossicità per le cellule delle nanoparticelle di TiO_2, che non si lasciano inalare e non riescono a penetrare nella pelle per più di 5 micrometri; perciò non vengono assorbite dall'organismo.

Alcuni studi hanno mostrato che i punti quantici hanno invece la capacità di penetrare la membrana cellulare, e che cluster d'oro di circa 50 atomi (pari a 1,5 nm di diametro) possono diffondere nell'organismo dei ratti sino a raggiungere organi come il cervello o la placenta.

In un esperimento sono stati dispersi nanotubi di carbonio in un acquario nella misura di 500 particelle per miliardo di molecole di acqua, e 48 ore più tardi sono stati riscontrati processi infiammatori e danni cerebrali nei pesci. Se però i nanotubi vengono modificati in modo da renderli solubili in acqua, allora l'effetto infiammatorio tende a scomparire.

In generale si è osservata una tossicità evidente su animali soltanto per alcuni particolari tipi di nanoparticelle, e soltanto se somministrate in altissime dosi; poco o nulla però si sa sui rischi da esposizione a basse dosi per tempi molto prolungati. Da questi studi, tutto sommato sporadici e insufficienti se paragonati alla complessità del problema, emerge un quadro nebuloso, poco definito, con più domande aperte che risposte certe.

Il problema è complesso perché il meccanismo di interazione di una nanoparticella con l'organismo umano varia moltissimo a seconda non soltanto delle dimensioni della particella stessa, ma del materiale di cui è fatta, della sua forma, degli organi con cui viene a contatto, del suo eventuale accumulo in alcune parti dell'organismo, delle risposte immunitarie che scatena e della sua possibile interazione con altre particelle. Gli studi tossicologici su nanoparticelle di pochi nanometri di diametro sono rari e di difficile realizzazione. Proprio per studiare questi problemi è anche nata una nuova disciplina, la nano-tossicologia, che sta però appena muovendo i primi passi.

Perciò alla domanda «Ha ragione Beppe Grillo?» la risposta è positiva, se questo vuol dire sollecitare un'attenzione particolare a questi problemi da parte della comunità scientifica e delle autorità di controllo. La risposta invece sarebbe negativa se si pretendesse di concludere, sulla base dei dati oggi disponibili, che i rischi associati all'uso delle nanoparticelle sono decisamente elevati rispetto ai benefici a cui possono portare.

La storia degli ultimi decenni ha mostrato chiaramente come l'assenza di comunicazione tra esperti e pubblica opinione possa rendere difficoltoso lo sviluppo di un'area scientifica o tecnologica, o portare addirittura al suo abbandono. I dibattiti sull'energia nucleare e sugli organismi geneticamente modificati hanno fortemente sofferto di questa mancanza di trasparenza.

È anche acclarato ormai quello che va sotto il nome di *principio di asimmetria* nella comunicazione della scienza e della tecnologia: in un dibattito pubblico chi amplifica i rischi ha sempre molto più credito di chi li minimizza, indipendentemente da chi abbia ragione. Le storie recenti della mucca pazza e dell'influenza aviaria sono due esempi di cattiva informazione su presunte piaghe che hanno fatto danni irrisori sul piano della salute ma danni immensi sul piano economico, a dispetto dei tentativi di rassicurare la gente.

È inoltre chiaro che in questo campo non è l'autorevolezza della fonte a produrre un effetto tranquillizzante sulle persone, ma il livello di fiducia in chi prende una data posizione. Sono rischi e problemi che oggi corrono anche le nanotecnologie, cosa d'altra parte ben presente a chi se ne occupa, sia a livello di ricerca sia a livello politico. È dunque opportuno parlarne, senza ingiustificati allarmismi ma anche senza incondizionata fiducia. La storia del DDT, come tante altre simili, mostra che con questo tipo di problemi dobbiamo imparare a convivere, assumendo un atteggiamento il più possibile consapevole e libero da reazioni emotive, che di solito non aiutano a vedere le cose in modo razionale.

Ci sono poi rischi il cui controllo è molto più difficile e i cui effetti sono meno quantificabili. Come ogni cosa, anche delle nanotecnologie si può e si potrà fare un uso buono o cattivo. Esse potrebbero portare a maggiore sicurezza nelle automobili, nelle case, nei posti di lavoro, ma anche per esempio a sviluppi in campo militare (ci sono già molti progetti avviati in questo campo, e sicuramente altri di cui nulla si sa).

Anche a questo proposito le cose possono apparire bianche o nere a seconda del punto di vista. In un libro divulgativo sulle nanotecnologie pubblicato negli Stati Uniti, al capitolo «Perché volete le nanotecnologie nella vostra vita» ho trovato la voce «Potenti munizioni», in cui si spiega che le nanoparticelle metalliche sono più reattive e permettono di produrre esplosivi e munizioni in grado di controllare meglio i «danni collaterali».

Se vi chiedete per quale motivo munizioni più potenti dovrebbero migliorare la nostra vita, la risposta dell'autore del libro è che «contribuiscono ad aumentare la sicurezza nazionale», un aspetto a cui il cittadino statunitense medio è oggi estremamente sensibile, tanto da essere disposto a chiudere un occhio su molte questioni scottanti. Anche su che cosa sia «buono» e che cosa «cattivo», dunque, non sempre è facile mettersi d'accordo.

Certo, parlando di rischi non possiamo nasconderci che ci potrebbero essere usi illeciti delle nanotecnologie per fini terroristici o criminali. Ma possiamo rinunciare a qualcosa di potenzialmente utile per il solo fatto che ciò porterà anche svantaggi e pericoli?

L'uomo avrebbe forse dovuto ignorare la scoperta della ruota, per il solo fatto che un certo numero di persone (non poche) sarebbero finite schiacciate da un carro, investite da un'auto o travolte da un treno? E parlando di tecnologie più moderne, saremmo oggi disposti a rinunciare all'energia elettrica per evitare le folgorazioni accidentali o l'uso perverso della corrente per la sedia elettrica o per le torture con l'elettroshock?

Apocalisse

Ci sono infine gli scenari catastrofici, a cui non si può non fare cenno. Come abbiamo visto, il fine ultimo delle nanotecnologie è riprodurre o simulare almeno in parte il mondo biologico, per esempio la funzione complessa dei ribosomi, dei mitocondri o di altri organelli e microrganismi.

C'è chi spera di riuscire a produrre nano-robot capaci di svolgere ripetutamente varie funzioni, sino a creare veri e propri nano-assemblatori, macchine submicroscopiche in grado di replicare ogni oggetto, magari anche se stesse. Di queste nano-macchine parleremo nel prossimo capitolo, l'ultimo, quello che getterà un ponte tra il presente e il futuro possibile.

Ma questo tipo di sviluppo ha subito generato un altro tipo di paure e di ansie, la cosiddetta *sindrome di Star Trek*, da un episodio della famosa serie televisiva. La storia è quella dei *nanites*, robot minuscoli prodotti per il trattamento di cellule nelle operazioni chirurgiche. Durante un esperimento a bordo dell'astronave *Enterprise*, nell'anno 2366, alcuni di questi nano-robot sfuggono al controllo e cominciano ad autoreplicarsi e a cannibalizzare parti dell'astronave. La storia ha un lieto fine, perché i nanites accettano di negoziare e di trasferirsi in massa sul pianeta Kavis Alfa IV.

Lo scenario paventato da molti per il futuro delle nanotecnologie però non è altrettanto lieto. C'è chi vede già una nano-macchina delle dimensioni di un batterio, onnivora, in grado di sopravvivere negli ambienti più vari, capace di fare copie di se stessa autoreplicandosi in modo controllato dall'uomo. Ma qualcosa va storto, una duplicazione non riesce perfettamente e i replicanti iniziano a moltiplicarsi in modo incontrollato e aggressivo, sino a mettere in pericolo la stessa esistenza dell'umanità.

È una storia già sentita, uno scenario ampiamente collaudato nei film di fantascienza. Ma è anche un rischio reale? Davvero dobbiamo porci domande come queste e temere sviluppi imprevedibili, pericolosi per la stessa sopravvivenza della nostra specie? O magari, prima di discutere come sia meglio comportarsi per abbandonare una nave che affonda, non è meglio chiarire se stiamo davvero per intraprendere un viaggio in mare? Perché se quello che faremo in realtà sarà attraversare il Sahara a dorso di cammello, a che cosa ci servirà portarci dietro un giubbotto salvagente?

Insomma, prima di preoccuparci per le possibili ricadute della produzione incontrollata di miliardi di Frankenstein in miniatura è bene verificare se di nano-frankenstein riusciremo a crearne almeno uno.

CAPITOLO 10

Nanomacchine e nanorobot

Questo pezzo è il primo che è stato montato dalle mie formiche: dalle rufe dei pini, le più robuste ed abili. Ho insegnato in estate a una squadra di dieci, e loro hanno fatto scuola a tutte le altre. Dovrebbe vederle, è uno spettacolo unico: due afferrano i due elettrodi con le mandibole, una li attorciglia di tre giri e li fissa con una gocciolina di resina, poi tutte e tre depongono il pezzo sul trasportatore. In tre, montano un resistore in 14 secondi, compresi i tempi morti, e lavorano 20 ore su 24. [...]
Ma questo è solo un inizio: sto allenando altre squadre per altri lavori «impossibili». Una a tracciare il reticolo di diffrazione di uno spettrometro, mille righe in 8 millimetri; una a riparare circuiti stampati miniaturizzati, che finora una volta guasti si buttavano via; una a ritoccare negative fotografiche; quattro a svolgere lavori ausiliari nella chirurgia del cervello, e già sin d'ora le posso dire che si dimostrano insostituibili nell'arrestare le emorragie dei capillari.

Primo Levi, «Primo impiego»,
in *Storie naturali*

Se ha avuto la pazienza di arrivare fin qui, il lettore attento porrà forse una domanda del tutto legittima: ma in fondo a che cosa dobbiamo tutto questo baccano sulle nanotecnologie e sui loro prodigi? Per quale motivo se ne parla tanto?

Proviamo a riassumere le cose di cui abbiamo parlato. Abbiamo visto che le nanotecnologie sono entrate nelle nostre case in silenzio, in punta di piedi, sotto forma di dispositivi laser per leggere i cd, di memorie e processori nei nostri computer. Abbiamo imparato che ci spalmiamo di nanoparticelle quando andiamo a prendere il sole in spiaggia, e che vernici o cementi contenenti altre nanoparticelle possono ridurre l'inquinamento o autopulirsi. Abbiamo visto che esistono nano-sistemi per veicolare efficacemente farmaci nell'organismo e per migliorare le tecniche diagnostiche. Tutto questo è confortante e lascia ben sperare. Ma quali sono le ultime novità?

La rivista Forbes ha fatto un elenco in ordine di importanza dei prodotti *nanotech* immessi sul mercato nel 2005: al primo posto troviamo un *iPod nano* delle dimensioni di una matita (basato su memorie *flash* che usano a tutti gli effetti nanotecnologie); al secondo posto un olio nutriente per ridurre il colesterolo, che usa capsule di 30 nm per veicolare il principio attivo; al terzo posto una gomma da masticare al sapore di cioccolato, ottenuta grazie a nanocristalli che rendono compatibile il burro di cacao con i polimeri della gomma; al quarto una crema cosmetica da giorno basata su fullereni.

Be', se la rivoluzione nanotecnologica è tutta qui, forse si è un po' esagerato nel *battage*. In realtà abbiamo visto che gli scienziati ripongono grandi speranze nelle nanotecnologie per produrre energia pulita, per progettare nuovi materiali o nuovi tipi di farmaci. Anzi si può ben dire che su grandi temi come energia, ambiente, salute le nanotecnologie avranno sicuramente un impatto significativo nei prossimi anni, portando a un miglioramento della nostra vita quotidiana. Ma ciò in fin dei conti fa parte del progresso continuo di numerosi ambiti scientifici, appartiene alla storia recente della chimica ambientale come a quella dei materiali avanzati, della fisica dei plasmi e della biologia molecolare. Senza che peraltro nessuno si scaldi più di tanto.

La «rivoluzione» nella microelettronica è avvenuta lentamente, in modo silenzioso, quasi senza che ce ne accorgessimo. Ha portato al personal computer, a Internet, alla telefonia cellulare, alle macchine fotografiche digitali, ai lettori mp3. Ci siamo lasciati alle spalle una serie di abitudini consolidate come scrivere lettere, sviluppare rullini o registrare cassette, per passare rapidamente alle nuove meraviglie dell'elettronica di consumo.

L'introduzione di Internet ha profondamente cambiato non soltanto il nostro modo di lavorare ma anche il nostro modo di essere e di pensare, ha abbattuto barriere, ha reso disponibili fonti di informazione praticamente illimitate, ha reso obsolete intere biblioteche. Insomma un vero e proprio stravolgimento, senza peraltro che né prima, durante, o dopo la comparsa di Internet si sia assistito a un dibattito così serrato, si sia parlato così tanto di «rivoluzione» come accade invece per le nanotecnologie.

A che cosa dobbiamo quindi tanta attenzione e interesse? Certo non a qualche nuovo additivo per cosmetici o a qualche tessuto autopulente...

Macchine della creazione

Una parte dell'interesse e della curiosità per le nanotecnologie ruota attorno a un concetto e a una prospettiva che sono al tempo stesso affascinanti e facili da comprendere per la gran parte delle persone: la possibilità di creare *nano-macchine* e persino *nano-robot*.

Il primo a parlare di questa eventualità fu Eric Drexler, nel suo celebre libro *Engines of Creation* (Macchine della creazione) che abbiamo già citato. L'immaginazione di Drexler era stata colpita dalla capacità di riprodursi tipica di alcuni batteri. L'*Escherichia coli* per esempio, se fornito di un continuo supporto di sostanze nutrienti, può raddoppiare la propria popolazione ogni 20 minuti circa. In teoria perciò l'*E. coli* potrebbe ricoprire l'intero pianeta con uno strato di batteri nel giro di pochi giorni.

Secondo Drexler, seguendo e realizzando le intuizioni di Feynman, l'uomo potrà in futuro produrre in piccolo quello che oggi è già capace di fare «in grande»: una miniaturizzazione spinta all'estremo, al livello atomico, di metodi e concetti che oggi governano gli automatismi meccanici, quella che spesso va sotto il nome di *robotica*.

Questi dispositivi potrebbero fare su scala atomica ciò che i loro consimili fanno nel mondo che conosciamo: avendone a disposizione quantità immense, si può pensare di inventare nuove vie per produrre e generare sostanze, materiali e anche oggetti complessi. Con grandi ricadute in tutti i campi, a partire dalla medicina: immaginate una nano-macchina capace di viaggiare nel corpo umano orientandosi come fa un'automobile in città, di individuare il tessuto malato, di produrre le cellule mancanti riparando così il danno, senza interventi chirurgici e senza protesi.

A chi solleva obiezioni a questa visione tanto accattivante, Drexler ha sempre risposto che i progressi nella medicina ci hanno già sorpresi molte volte. In passato l'idea di poter operare un paziente sveglio, che non sente dolore grazie a un'anestesia locale, appariva semplicemente assurda. Un celebre chirurgo francese, Alfred Velpeau, scriveva nel 1839:

> Eliminare il dolore in chirurgia è una chimera. Bisturi e dolore sono due parole di cui il paziente dovrà sempre essere consapevole. È un connubio a cui dobbiamo abituarci.

Ma anche debellare malattie che hanno spopolato interi continenti, come la peste o la poliomielite, semplicemente con l'uso di antibiotici o vaccini sarebbe in passato apparso miracoloso. E che dire della capacità di sostituire il cuore o il fegato in un corpo umano, prelevandolo da un altro? Dunque, conclude Drexler, ciò che oggi appare impossibile può diventare praticabile tra qualche tempo.

Ma l'idea lanciata da Drexler che ha colpito ancor più l'immaginazione popolare è che sia possibile generare un secondo tipo di nano-macchina: l'*assemblatore*, un costruttore universale in grado di realizzare e duplicare qualsiasi struttura, compreso se stesso. Insomma, il Mimete di Primo Levi, che abbiamo ricordato all'inizio di questo libro. Però un Mimete su scala nanometrica, capace di operare atomo per atomo con una serie di nano-pinzette, prelevando i singoli mattoncini atomici e disponendoli nel modo desiderato.

In uno dei passaggi chiave del suo libro, Drexler racconta come un sistema di produzione molecolare di questo tipo potrebbe essere usato per costruire il motore di un razzo. Assemblatori replicanti sarebbero in grado di racchiudere in se stessi le informazioni necessarie, e avendo sufficiente materia prima da cui prelevare i pezzi, ossia gli atomi, il motore potrebbe essere pronto in un giorno. Se questo è possibile per un razzo allora è possibile per qualsiasi oggetto, da un frigorifero a un telefono cellulare. Potremmo insomma avviarci verso vere e proprie nano-fabbriche in cui al posto degli operai ci siano miliardi di miliardi di piccolissimi oggetti, ognuno con una funzione specifica, tutti volti al raggiungimento dello stesso obiettivo.

Se così fosse veramente, ci potremmo trovare di fronte a qualcosa di molto simile a quell'evento per ora unico e straordinario che ha portato alla nascita della vita sulla terra. Per dirla con le parole di Bill Bryson nel suo bellissimo libro *Breve storia di (quasi) tutto*:

> A un certo punto, in un passato inconcepibilmente remoto, una microscopica sacca contenente sostanze chimiche sussultò inquieta e varcò la soglia della vita. Assorbì un po' di nutrimento, pulsò flebilmente e godette una breve esistenza. Tutto questo probabilmente era già successo prima, forse molte altre volte. Ma questa piccola sacca ancestrale fece qualcos'altro, qualcosa di straordinario: si divise e generò una prole. Una minuscola quantità di materiale genetico passò così da un'entità vivente a un'altra,

e da allora questa trasformazione non si è più fermata. Fu quello, per tutti noi, il momento della creazione.

Inutile dire che questo scenario ha subito attratto l'attenzione dei media. E degli scrittori di fantascienza. Se l'assemblatore è in grado di replicare anche se stesso, infatti, come essere sicuri che non sfugga al nostro controllo? Da una rivoluzione positiva si potrebbe rapidamente passare a un disastro senza precedenti. È lo sfondo ideale per un romanzo di fantascienza, e infatti non c'è voluto molto perché Michael Crichton si buttasse nell'agone con il suo libro *Preda*. Una storia di batteri che producono sostanze chimiche che sono poi modificate e combinate a generare assemblatori, dai quali nasce un minuscolo robot volante con un computer di bordo, una cella solare e altri aggeggi del genere. Ma per qualche ragione sconosciuta le persone infettate dai nano-robot si sciolgono in pochi secondi. Naturalmente qualcuno si opporrà a questa catastrofe incombente e salverà l'umanità dal suo destino crudele. È chiaro che storie di questo tipo non possono che suscitare curiosità, interrogativi e qualche paura più o meno fondata.

Che cosa sono dunque le nano-macchine e gli assemblatori? Riusciremo mai a produrli veramente? E se sì, quando? In queste domande, e nelle risposte, è racchiuso il significato e il potenziale più profondo delle nanotecnologie: la possibilità non soltanto di generare oggetti utili grazie alle loro piccole dimensioni, ma oggetti in grado di produrne altri, e quindi di sostituirsi completamente ai metodi di produzione tradizionali. Come la macchina a vapore è stata il punto di partenza della Rivoluzione industriale, così le nano-macchine potrebbero rappresentare una nuova fase nella storia dell'umanità.

Le teorie di Drexler non hanno fatto breccia soltanto nel cuore degli appassionati di fantascienza. C'è la storia vera della Zyvex, prima società privata avente come unica missione lo sfruttamento commerciale delle nanotecnologie, a illustrare bene come spesso la via del successo nel campo delle nuove tecnologie sia accidentata, e richieda buone dosi di realismo per distinguere il possibile dall'improbabile.

Tutto nasce nel 1995 quando James Von Ehr, imprenditore statunitense, diventa multimilionario a soli quarantacinque anni, grazie alla vendita di una florida società di software da lui fondata. Impressionato e attratto dalle idee innovative di Drexler, Von Ehr decide di creare la Zyvex e di finanziare profumatamente quella che nelle sue intenzioni è destinata a diventare la prima impresa al mondo nel campo *nanotech*. Una specie di novella Microsoft, insomma.

La Zyvex inizia a operare tra curiosità e scetticismo, ma bastano pochi anni perché la situazione diventi critica, con costi elevati e ricavi nulli. Alla fine del 2003, con 82 ricercatori e 85 diversi progetti avviati, le perdite di esercizio sono divenute insostenibili persino per Von Ehr, al punto da imporgli una riconversione dell'azienda verso obiettivi meno ambiziosi ma più realistici, come la messa a punto di dispositivi miniaturizzati su scala micrometrica o di nanotubi di carbonio.

La via verso i nano-assemblatori e le nano-macchine è apparsa in salita dunque persino ai più convinti assertori, tanto da essere per il momento accantonata. Ritorniamo allora alla domanda da cui siamo partiti: riusciremo mai a mettere a punto una vera nano-macchina?

Nano-macchine in natura

Iniziamo da una questione più semplice, cercando di definire che cosa si intende per nano-macchina. Semplificando possiamo dire che è un dispositivo che esegue un lavoro. Il che implica subito un vincolo importante: per funzionare ha bisogno di energia. Inoltre per poter fare qualcosa di utile, per poter eseguire un progetto, deve contenere in sé l'informazione necessaria.

Dunque tre condizioni sono essenziali affinché si possa parlare di nano-macchina: svolgere un lavoro, avere a disposizione una fonte di energia (oltre che di materia prima da manipolare) e sapere cosa fare. Tutto questo non è affatto banale, e non ci sono ancora idee precise su come si possano condensare le tre caratteristiche in un oggetto su scala nanometrica.

In realtà in natura esistono già oggetti che corrispondono alla nostra descrizione. Le *cellule*, che hanno dimensioni micrometriche, contengono infatti organelli e aggregati molecolari il cui funzionamento soddisfa perfettamente i requisiti richiesti dalla definizione di nano-macchina.

Ma c'è di più: le cellule sono intrinsecamente

strutture autoreplicanti, che catturano molecole dall'ambiente circostante e poi ne usano alcune per produrre l'energia necessaria al proprio funzionamento, altre per sintetizzare le parti necessarie per conservarsi, muoversi, difendersi e replicarsi. E l'informazione per la replicazione è presente e codificata nelle molecole di DNA, che la trasmettono da una generazione alla successiva.

Uno speciale tipo di molecola, l'RNA messaggero, serve come trascrizione temporanea di questa informazione e – come abbiamo già visto – la porta ai ribosomi dove avviene la sintesi delle proteine, che genera il materiale di base per la vita.

La strategia che la cellula adotta per sintetizzare le proprie parti e replicarsi, funzionando come una micro-macchina, è articolata in due stadi. Il primo è la formazione di nuovi legami chimici tra le singole molecole che andranno a costituire le proteine (in termine tecnico si tratta di una polimerizzazione). Nel secondo stadio le catene molecolari così generate si avvolgono su se stesse a formare oggetti tridimensionali. Il tutto avviene spontaneamente e a bassa temperatura, com'è quella del nostro organismo. È un po' come infilare le perline (gli aminoacidi) per creare una collana (un polipeptide) che poi si auto-assembla in una macchina (la proteina): un processo che calza perfettamente con quanto previsto da Drexler.

Un altro esempio di nano-macchina in biologia è il *cloroplasto*. Presente nelle cellule vegetali e nelle alghe, è una struttura che contiene schiere di molecole che agiscono come antenne per catturare l'energia luminosa e convertirla in combustibile chimico che poi serve al funzionamento della cellula. Il cloroplasto agisce dunque come una cella solare in miniatura, anche se sfruttando fenomeni del tutto diversi.

Il mitocondrio invece è una centrale di potenza che genera l'energia per il sistema cellulare utilizzando materiali provenienti dalla combustione controllata di molecole organiche come il glucosio. L'energia liberata non è convertita in energia elettrica che corre lungo fili di rame, come nelle nostre case; il mitocondrio invece «carica» molecole di adenosinatrifosfato, ATP, che circolano nella cellula come minuscole batterie chimiche e danno un contributo essenziale a molte reazioni biologiche.

Anche il *motore flagellare* dei batteri ha sorprendenti somiglianze con le nano-macchine. La sua funzione molto specializzata ricorda quella di un motore macroscopico, con azione meccanica. È un aggregato altamente strutturato di proteine legate alla membrana delle cellule batteriche e serve a fornire il moto rotatorio al *flagello*, la lunga struttura a frusta che spinge i batteri consentendo loro di spostarsi nei liquidi. Come ogni motore, anche il motore flagellare ha un albero e una struttura che lo circonda come un'armatura; al posto dell'energia elettrica o della benzina, per funzionare usa molecole di ATP.

«Replicare» la natura

Scopriamo dunque che le macchine molecolari già esistono, funzionano bene, sono complesse ma altamente affidabili. Sono il risultato di un processo evolutivo durato miliardi di anni e fanno cose mirabili che noi non sappiamo ancora riprodurre. Se riuscissimo anche soltanto a imitare questi processi, pur con minore efficienza, avremmo già fatto un passo in avanti incredibile.

Siamo dunque in grado di costruire nano-macchine, o quantomeno lo saremo in un prossimo futuro? Abbiamo già visto come nel campo della micro-fabbricazione siano stati fatti progressi fondamentali. Gli esempi della microelettronica o il «millepiedi» allo studio a Zurigo ne sono un esempio concreto. Siamo in grado di produrre i MEMS, sistemi microelettromeccanici che svolgono funzioni molto semplici, elementari, e sono comunque di dimensioni micrometriche, non nanometriche.

Il problema non è soltanto scalare verso il basso le dimensioni dei MEMS per arrivare ai NEMS, dispositivi elettromeccanici con dimensioni dell'ordine del nanometro. Passare dai milionesimi ai miliardesimi di metro, cioè ridurre le dimensioni di un fattore mille, pone problemi di tipo fondamentale, tanto che molti ricercatori e scienziati hanno espresso forti perplessità sul fatto che sia possibile realizzare gli assemblatori di Drexler.

La prima questione è: da dove dovrebbe venire l'energia per far funzionare le nano-macchine? Gli organismi cellulari hanno sviluppato un metodo complesso ed efficace per produrre energia sfruttando reazioni chimiche o fotochimiche, usando la luce solare. Certo, possiamo immaginare di imparare un giorno a fare lo stesso, ma il modo è ancora tutto da inventare.

C'è poi l'altro problema, altrettanto importante: dove racchiudere l'informazione? Senza un progetto, senza un manuale, la capacità potenziale di «assemblare» qualcosa non serve a niente. Bisogna avere un foglio di istruzioni da seguire, come quando acquistiamo mobili componibili da montare a casa.

La biologia dimostra come sia possibile codificare informazione e rileggerla nelle pieghe del DNA. È possibile che in futuro si riesca a riprodurre questo modo di trasportare informazione, ma anche qui non c'è nessuna garanzia. Forse si possono inventare altri metodi, magari basati sul codice binario, ma ancora una volta siamo fermi al campo delle ipotesi, o al massimo ad alcuni primi rudimentali elementi.

Fino a quando non si sapranno mettere fonti di energia e vettori di informazione a servizio delle nano-macchine, c'è ben poco che si possa fare con esse. Questi però sono limiti posti soltanto dalla nostra incapacità di riprodurre la natura. È probabile che tra cinquanta o cento anni, guardando indietro, ci si stupirà di quanto primitive fossero le nostre conoscenze e abilità odierne, esattamente come noi sorridiamo quando pensiamo a un impianto telegrafico di fine Ottocento o al cavadenti-barbiere di epoche passate.

Ma c'è anche un altro limite, di tipo fondamentale e quindi più serio: è legato alla capacità intrinseca delle nano-pinzette dei minuscoli robot di prendere e spostare gli atomi. Chi ha maggiormente insistito su questo problema e su come potrebbe essere impossibile aggirarlo è il compianto Richard Smalley, lo scopritore del fullerene.

C'è chi ha osservato che l'assemblatore di Drexler semplicemente ignora molte delle difficoltà concettuali legate alla fabbricazione delle nano-macchine e dell'auto-replicazione. E ciò per due ragioni principali. La prima è che le pinzette necessarie per prendere e manipolare gli atomi rischiano di creare problemi di spazio. Una pinzetta nanometrica, costretta a muoversi in mezzo a un insieme di atomi assai più piccoli, sarebbe un po' come un elefante in una cristalleria. Come ha fatto notare Richard Smalley prendendo a prestito la celebre frase di Feynman, in realtà di spazio per queste operazioni non ce n'è poi così tanto, là in fondo.

C'è poi un secondo problema, forse ancora più serio del primo e ben noto ai chimici. Raramente gli atomi stanno nel loro stato di atomi isolati. Essi tendono a reagire, talvolta in modo estremamente rapido, e a formare legami saldi con altri atomi. Gli atomi di carbonio per esempio in natura non si trovano mai soli, sono sempre combinati con altri atomi. Per prelevare i mattoncini con cui costruire le nano-macchine è dunque necessario per prima cosa liberarli dai loro legami e separarli dal resto degli atomi a cui sono attaccati. Un'impresa tutt'altro che semplice.

Rompere un legame chimico costa molta energia, il che crea problemi per l'alimentazione della macchina. Quando poi un atomo è ricollocato altrove, a formare un'altra struttura, si formano nuovi legami: l'energia ora viene liberata, ponendo severi problemi di raffreddamento della macchina stessa (fino a metterne in forse la sopravvivenza).

Anche il processo di «staccare» e «riattaccare» un atomo è semplice soltanto quando le forze in gioco sono deboli. Con la punta di un microscopio STM si è riusciti in effetti a spostare singoli atomi e a ricollocarli altrove. Ma se l'atomo in questione è fortemente reattivo, come l'ossigeno o il carbonio, esso tenderà a legarsi stabilmente alle nano-pinze e separarli diventerà assai problematico.

C'è infine il problema del movimento delle nano-macchine. Immaginiamo che viaggino in un ambiente acquoso. Se l'oggetto è molto più grande delle singole molecole di H_2O, gli urti di queste ultime saranno del tutto trascurabili. Ma se una nano-macchina è sufficientemente piccola, diciamo 50 nanometri, allora diventa molto difficile governarne gli spostamenti, che seguiranno le leggi del *moto browniano* con una traiettoria casuale senza alcuna direzione definita. Anche le cellule nel sangue, pur essendo da 10 a 100 volte più grandi di un ipotetico nano-sommergibile, non si spostano con moto proprio ma sono trasportate dal flusso.

È chiaro dunque che esistono problemi molto seri e altrettanto seri dubbi sulla possibilità di realizzare i nano-dispositivi di cui oggi si parla. E non si tratta soltanto di problemi tecnologici complessi ma risolvibili in linea di principio: in molti casi entrano in ballo limiti fisici fondamentali, e come tali non aggirabili se non con approcci concettuali totalmente diversi.

In effetti i nano-assemblatori di Drexler sono troppo simili ai robot macroscopici per poter funzionare. Gli esempi che ci vengono dal mondo biologico mostrano chiaramente come le vie da seguire siano del tutto diverse, e proprio per questo molto difficili – ma non impossibili – da immaginare.

Supermolecole

In effetti esiste da tempo una disciplina il cui scopo è proprio quello di costruire, partendo da molecole semplici, sistemi via via più complessi capaci di simulare le funzioni svolte a livello biologico: si tratta della *chimica supramolecolare*, dove l'idea è quella di partire dal basso per costruire nano-congegni attraverso l'autoassemblaggio di molecole, non di atomi.

La chimica supramolecolare studia insiemi complessi di molecole che, aggregandosi o legandosi, possono svolgere funzioni diverse e più raffinate rispetto a quelle dei singoli componenti. Non si tratta di una scienza nuova. Negli anni Ottanta, proprio mentre si studiavano i cluster e i fullereni e si mettevano a punto nuovi «microscopi» per vedere gli atomi, si sono compiuti progressi fondamentali anche in questo campo.

Il premio Nobel per la chimica nel 1987 è stato assegnato ad alcuni tra i padri di questa disciplina, il francese Jean-Marie Lehn e gli statunitensi Donald J. Cram e Charles J. Pedersen. Il titolo della conferenza di Lehn alla consegna del premio illustra bene l'argomento: «Chimica supramolecolare: scopi e prospettive. Molecole, supermolecole e dispositivi molecolari». Va notato che nel 1987 praticamente nessuno parlava di nanotecnologie; l'eco del libro di Drexler non si era ancora diffusa al di qua dell'Atlantico.

Nel passare da molecole semplici a sistemi supramolecolari possono emergere nuove proprietà, spesso di grande interesse tecnologico. Partendo da questa idea di base è stato possibile costruire dispositivi a livello nanometrico come fili di materiale organico capaci di condurre l'elettricità, o interruttori molecolari in grado di consentire o proibire il passaggio di corrente, o ancora semplici nano-macchine che possono eseguire azioni meccaniche elementari.

Tra queste macchine molecolari ci sono rotori, giroscopi, pompe, freni, ingranaggi, serrature e persino arpioni. Alcune di esse funzionano sfruttando l'energia luminosa, che induce nelle molecole transizioni elettroniche sfruttabili per «spostare» un pezzo di struttura da una parte a un'altra.

Sono state realizzate per esempio «navette» costituite da una molecola ad anello attorno a una catena che funge da «binario»: il movimento meccanico consiste nello spostamento dell'anello tra due «stazioni». Si tratta di un sistema concettualmente simile a un motore lineare a quattro tempi, ma che è azionato dalla luce e funziona a una frequenza di centinaia di kilohertz consumando soltanto 10^{-5} nanowatt di energia luminosa per ciclo, senza formare scorie o prodotti di scarto: qualcosa di cui non esiste un analogo nel mondo macroscopico.

E questo è probabilmente un punto fondamentale: pensare di poter costruire macchine molecolari semplicemente riducendo le dimensioni di quelle che usiamo nel mondo macroscopico è, più che illusorio, un po' infantile. È come immaginare che altre forme di vita nell'universo, sempre che esistano, debbano necessariamente avere due braccia, due occhi, due gambe, magari soltanto un po' sproporzionate, come l'ingenua iconografia dei film di fantascienza ci ha abituato a credere.

Pensare «nano» in realtà vuol dire soprattutto pensare «in grande», andare oltre gli schemi convenzionali e immaginare strade completamente nuove per fare le cose che vorremmo.

Le leggi che governano il nanomondo sono diverse da quelle a cui siamo abituati, e non consentono di trasferire la nostra esperienza quotidiana «là in fondo». Dove c'è sì molto spazio, ma soprattutto c'è spazio per ingegnosità e immaginazione.

Sarà la nostra capacità di intuire vie nuove e inesplorate a rendere possibile la rivoluzione nanotecnologica. Su quando essa avrà luogo, è difficile e imprudente fare previsioni. Sul fatto che avverrà, ci sono pochi dubbi.

Le opere citate nel testo

Isaac Asimov, *Viaggio allucinante (Fantastic voyage)*, Mondadori 1993

Bill Bryson, *Breve storia di (quasi) tutto*, Guanda 2006

Rachel Carson, *Primavera silenziosa (Silent Spring)*, Feltrinelli 1999

Michael Crichton, *Preda*, Garzanti Libri 2004

Michael Crichton, *Stato di paura*, Garzanti Libri 2006

Eric Drexler, *Engines of Creation*, Non Basic Stock Line 1987

Primo Levi, *Storie naturali*, Einaudi 1966

Primo Levi, *Vizio di forma*, Einaudi 1971

Primo Levi, *Il sistema periodico*, Einaudi 1975

Primo Levi, *Lilìt e altri racconti*, Einaudi 1981

Primo Levi, *L'ultimo Natale di guerra*, Einaudi 2000

Phil Morrison, Phylis Morrison, Charles Eames, Ray Eames, *Potenze di dieci*, Zanichelli 1986

Piccola bibliografia ragionata

Nonostante il clamore che suscitano e i numerosi articoli riportati su giornali e riviste, la letteratura divulgativa in italiano sulle nanotecnologie è estremamente ridotta. Viceversa, esistono numerosi libri per il grande pubblico in lingua inglese, tedesca o francese. Molto vasta e in continua crescita invece la produzione di testi avanzati per specialisti, tutti in inglese. Di seguito riportiamo alcuni testi divulgativi, articoli o raccolte di articoli significative sull'argomento.

In italiano

D. Narducci, *Le nanotecnologie*, Alpha Test 2005
Un agile volume scritto da un amico e collega in cui viene spiegato in modo chiaro e accattivante cosa sono le nanotecnologie e come cambieranno la nostra vita.

Nanotecnologie: dall'atomo alle macchine molecolari, a cura di G. Pacchioni, Le Scienze Dossier 2002
Una raccolta con ricco corredo iconografico di una quindicina di articoli (alcuni apparsi sulla rivista Le Scienze) che forniscono una panoramica dei vari aspetti del settore. Purtroppo ormai non facilmente reperibile.

N. Boeing, *L'invasione delle nanotecnologie*, Ombre 2006
Traduzione di un libro che ha avuto grande successo in Germania, utile per chi vuole accostarsi all'argomento. È diviso in quattro capitoli: Le idee - Oggi: gli strumenti - Domani: le potenzialità - Dopodomani: gli incubi?.

J. Kahn, «Nanotecnologie» in National Geographic Italia, giugno 2006
Tra i tanti servizi dedicati all'argomento segnaliamo questo

apparso di recente sulla celebre rivista. Come farsi un'idea in sole venti pagine riccamente illustrate.

La nanotecnologia – Innovazione per il mondo di domani, a cura della Commissione Europea
Un opuscolo di 50 pagine illustrato a colori scaricabile da Internet (www.cordis.lu/nanotechnology). Spiega che cosa sono le nanotecnologie e promuove il dibattito presso il grande pubblico.

In inglese

R. Booker, E. Boysen, *Nanotechnology for dummies* (Nanotecnologie per negati), Wiley 2005
A dispetto del titolo il libro rappresenta un ottimo manuale, molto esteso negli argomenti trattati, con approfondimenti, ottimi esempi e chiare illustrazioni. Forse il testo migliore in commercio per conoscere a fondo questa disciplina. Per negati, ma curiosi.

S.A. Edwards, *The nanotech pioneers* (I pionieri delle nanotecnologie), Wiley-VCH 2006
Le biografie di alcuni tra i protagonisti della rivoluzione nanotecnologica. Il libro inoltre illustra gli aspetti scientifici delle nanotecnologie, i progetti, i finanziamenti e gli aspetti etici.

V. Balzani, V. Venturi, M. Credi, *Molecular devices and machines: a journey into the nanoworld* (Dispositivi e macchine molecolari: un viaggio nel nanomondo), Wiley-VCH 2003
Benché non si tratti di un libro divulgativo, segnaliamo comunque questo delizioso testo scritto da tre autori italiani tra i massimi esperti in campo di macchine molecolari, per chi volesse capire come la ricerca stia cercando di progettare molecole in grado di funzionare come vere nanomacchine.

Encyclopedia of Nanoscience and Nanotechnology (Enciclopedia di nanoscienze e nanotecnologie), American Science Publishers 2004
Una monumentale opera di 10 000 pagine, 7500 figure e 80 000 riferimenti in cui trovare tutto. Ma destinata purtroppo alla rapida obsolescenza.

Siti web

Come si può ben immaginare, il numero di siti web sulle nanotecnologie è enorme e in continua crescita. Pochissimi sono in italiano, la quasi totalità è in inglese.
Di seguito riportiamo un elenco di siti che si distinguono per qualità dei contenuti e chiarezza.

www.nanoforum.org
sito europeo, in inglese, con tutte le ultime novità sulle nanotecnologie, una sezione dedicata agli annunci dei congressi internazionali, moltissimi articoli divisi per argomento. Per chi vuole imparare qualcosa sulle attuali applicazioni delle nanotecnologie c'è l'*educational tree*, un percorso che permette di addentrarsi in argomento con schede informative chiare e interessanti.

www.nanotech-now.com
sito molto ricco di contenuti, incluse informazioni su prodotti, processi, protagonisti, novità (in inglese)

www.foresight.org
il sito ufficiale del Foresight Institut fondato da Eric Drexler, interamente dedicato alle novità nel campo delle nanotecnologie (in inglese)

www.zyvex.com
sito ufficiale della Zyvex, prima azienda al mondo nata con l'obiettivo di sfruttare processi nanotecnologici per scopi commerciali. Vi si trova anche la trascrizione del celebre

discorso di Feynman «There's plenty of room at the bottom» con vari link a siti che parlano del grande scienziato (in inglese). Si può anche scaricare in formato elettronico il testo di *Engines of creation* di Eric Drexler

www.sciencemuseum.org.uk/antenna/nano
un semplice ma efficace museo virtuale sulle applicazioni delle nanotecnologie, con un percorso animato per bambini (in inglese)

www.nanotechproject.org/consumerproducts
un elenco aggiornato dei prodotti nanotecnologici oggi in commercio (in inglese)

www.almaden.ibm.com/st/nanoscale_science/index.shtml
sito del centro di ricerca Almaden dell'IBM, con una sezione dedicata alla ricerca sulle nanotecnologie, una galleria di immagini riprese con il microscopio a effetto tunnel e altri contenuti divertenti (in inglese)

www.crnano.org
sito per la nanotecnologia responsabile, interamente dedicato ai rischi e benefici associati alle nanotecnologie (in inglese ma disponibile anche in altre lingue)

www.nanoengineer-1.com/mambo
sito dedicato alla modellizzazione di macchine molecolari. Alla voce *Gallery* vi sono animazioni che illustrano il funzionamento di alcune macchine molecolari (in inglese)

www.nanoword.net
utile glossario sulle nanotecnologie, che descrive aspetti, tecniche, strumenti, concetti (in inglese)

www.cordis.europa.eu/nanotechnology
il portale ufficiale dell'Unione europea sulle nanotecnologie (in inglese); vi si possono richiedere un opuscolo e filmati in Dvd, anche in italiano, dedicati al tema

www.nano.gov
il portale ufficiale americano sulla National Nanotechnology Initiative degli Stati Uniti (in inglese)

www.venetonanotech.it
il sito di Veneto Nanotech, distretto tecnologico dedicato al settore; contiene anche una sezione didattica (in italiano)

www.mansolar.nl
sito di una società che vende kit per costruirsi in casa celle solari basate su biossido di titanio (in inglese e tedesco)

www.vjnano.org/nano
un giornale virtuale con ricco archivio di articoli sulle nanotecnologie (in inglese)

www.mannometer-nanometer.de
sito del Deutsches Museum di Bonn, con un bellissimo viaggio virtuale nel mondo nano che permette di esaminare fino a scale minuscole il faro di un'auto, un computer o il corpo umano (piccolo difetto: è in tedesco)

micro.magnet.fsu.edu/primer/java/scienceopticsu/powersof10
un adattamento per il web del celebre libro *Potenze di dieci* (in inglese)

www.nanotech.it
il sito del Centro italiano per le nanotecnologie, a cura dell'AIRI (Associazione Italiana per la Ricerca Industriale)

Indice analitico